幽处满茶烟

Youchu Manchayan

上册

王晶 汪富亮 编著

東方出版社

图书在版编目(CIP)数据

幽处满茶烟:全2册/王晶,汪富亮 编著 .—北京:东方出版社,2012
ISBN 978-7-5060-5131-6

Ⅰ.①幽… Ⅱ.①王… ②汪… Ⅲ.①茶—文化—中国 Ⅳ.①TS971

中国版本图书馆CIP数据核字(2012)第173490号

幽处满茶烟
(YOUCHU MANCHAYAN)

编　　著:王　晶　汪富亮
责任编辑:傅跃龙　傅　愈
出　　版:东方出版社
发　　行:人民东方出版传媒有限公司
地　　址:北京市东城区朝阳门内大街166号
邮政编码:100706
印　　刷:北京海石通印刷有限公司
版　　次:2012 年9月第1 版
印　　次:2012 年9月第1 次印刷
印　　数:1—5000 册
开　　本:710毫米×960毫米　1/16
印　　张:30
字　　数:333 千字
书　　号:ISBN 978-7-5060-5131-6
定　　价:128.00 元(全二册)
发行电话:(010)65210059　65210060　65210062　65210063

如有印装质量问题,请拨打电话:(010)65210012

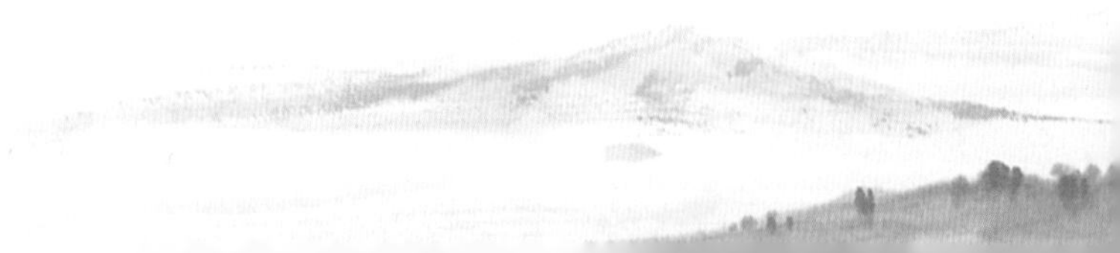

前言。

一茶一世界

有人说，周边熙熙攘攘的时候，人反而最是寂寞孤单。

在阳光灿烂的午后，或是阴雨绵绵的黄昏，浮躁的社会到处都是没有温度的水泥钢筋，此时，我们该到哪里去寻找一份安静？

21世纪的世界，物质膨胀远远超过了我们对它的预期，可是不管是拥有财富的人们，还是仍然在路上苦苦寻觅财富的人们，似乎都没有找到幸福人生。

工作之余，我们总是还要回归一下生活。

茶，这件曾经在古人生活中举足轻重的事，个中的内涵，远远比我们想象中的丰富。

你可知道茶的鼻祖是谁？

你可好奇古人们喝茶是怎样的一种流行？

你可想要弄明白中国十大名茶有什么样奇妙的传闻故事？

你可曾对那笑脸可人的采茶女忍不住驻足？

你可曾疑惑，为什么作家老舍仅仅从一个茶馆出发，就能观察到社会百态？

有人说，其实每一个城市都有它自己的表情，有些面色模糊，有些有声有色。行色匆匆的人们，每天忙碌着自己的生活，早已忘记了随手可触的明媚阳光和抬头可见的湛蓝天空。但是，爱茶的人，走到哪里都会感觉亲切，因为只需一杯茶，就足以让两颗陌生的灵魂快速交流。在温热的杯盏前面，我们都是许久未见的老友。

在那里，我们可以闭目欣赏悠扬的竹丝，也可以饶有兴趣地观看精湛的茶艺表演。在那里，我们可以一个人安安静静地不说话，也可以三两人凑在一起聊聊理想和人生。

本书上册是一卷散文，也可以称为一部游记，让爱上茶香的你我，一起出发，寻访茶的前世今生，走进茶的世界，去见识那些风味独特的茶馆。本书下册则精选了全国各地的特色茶馆，按照地区罗列，希望读者朋友可以根据自己的偏好找到最喜爱的茶馆。

目录 contents

茶史

芳泽起中华：茶的起源

在很多影视作品中，我们经常看到这样的场景：一位位穿着日本传统服装的艺妓们，迈着轻巧的小碎步，慢镜头似地舞动着手里的纸扇，或没有任何声响地端坐在那里，小心翼翼地为客人斟上一杯又一杯茶。

人们总是容易被一些生活的假象所误导，就好比说茶艺，如今很多年轻人，可能都会误以为茶艺是日本的传统艺术。

这种想法着实让身为炎黄子孙的我们感到不安。被我们渐渐遗忘的老祖宗的东西，委实已经有不少了。

有人或许会问了：那么，茶的发源地，到底是哪儿?

无需任何怀疑，正是我们伟大的祖国——中国，我国是最早发现和利用茶树的国家。在我国，茶也绝对不仅仅是用来解渴的饮料那么简单。

茶的好处

几个老朋友凑在一起喝茶，平日里寡言少语的老王冷不防冒出一句话来，震惊四座："我发现茶有一个很重要的好处，男女皆宜。"众人面面相觑，不知所云。只见老王慢慢悠悠地接着说："解渴。"

神农——茶之始祖

中国是茶叶的始祖，这是有实实在在的根据和出处的。

据切实的文字记载，我们勤劳而又充满智慧的祖先，早在3000多年前就已经开始栽培和利用茶树了。我们来一起翻开东汉时期的《神农本草》，书中为我们讲述了一个这样的故事——"神农尝百草，日遇七十二毒，得茶而解之"。

传说是在公元前2737年，神农像往常一样，独自一人背着竹篓上山采药。他边走边采，边采边尝，不知不觉中就到了晌午。神农的工作效率很高，短短半天，他就已经亲身试验了72种中草药。

俗话说得好，是药三分毒。各种杂七杂八的草药混杂在神农的胃里，已经不知道发生了多少次的化学反应。毒性让一向百毒不侵的神农觉得口干舌燥，两眼发黑，浑身都非常地不舒服。于是他便找了棵大树倚着，想要休息休息。

一切都仿佛是上天安排好的一样，就在这个时候，恰巧有几片树叶飘飘悠悠地落在了神农的面前。神农无意识地捡起了其中的一片树叶，放入口中慢慢地咀嚼。而令他惊奇的是，过了一会儿，他竟然就开始觉得身体舒畅起来，口也不渴了，舌也不干了，眼清目明，浑身也好像一下子轻松了，而那口中已经被嚼烂的树叶仍然留有清香……

阴差阳错，却让神农如获至宝，而茶，也以一种药用植物的身份首次被人类认识……

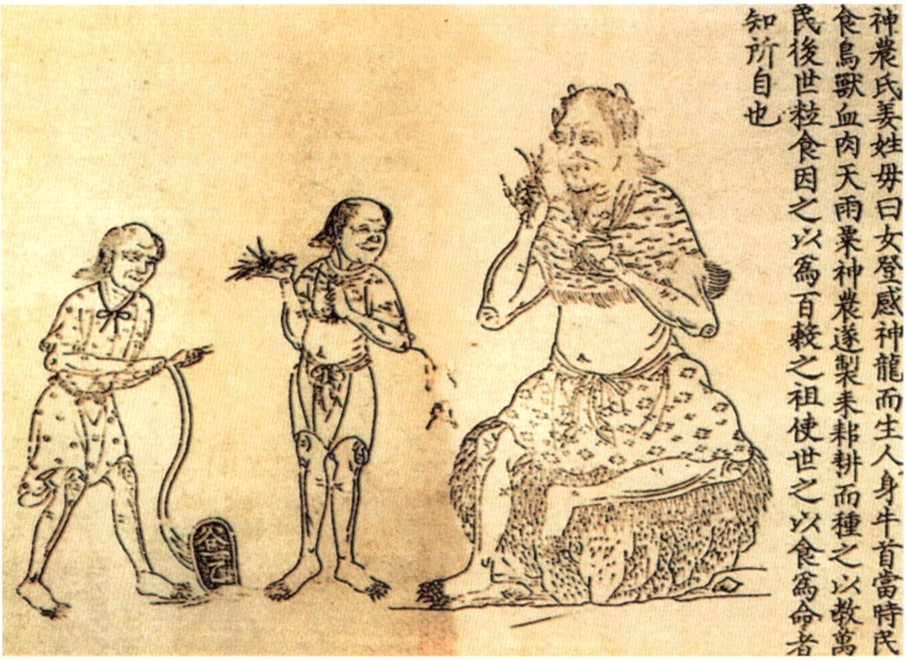
神農氏姜姓母曰女登感神龍而生人身牛首當時民
食鳥獸血肉天雨粟神農遂製耒耜耕而種之以教萬
民後世粒食因之以爲百穀之祖使世之以食爲命者
知所自也

“牛首人身”神农氏像

那些记录历史的人们，总是习惯于将我们普通百姓的发明创造归功于被神化的人物，似乎只有这样才会比较有说服力。因此，科学家们大胆地猜测，神农很有可能就是扮演了这样一个“无功受禄”的角色。

但是能够得到我们普遍赞同的是，任何一项发明都不是一蹴而就，而是在历史的长河中慢慢演变成我们现在所看到的样子的。任何一项发现，自然也不可能单凭一个人某一次的努力，就能得到广泛推广。

历史上最古老的茶树

在科技飞速发展的今天，很多物种都不再是某一地区所独有的了。同样，作为一种可以轻便运输的植物物种，茶的传播更是要简单易行。因为世人对茶的喜爱，现在五大洲的地域上大多数都有茶树在种植，当然出产茶叶最多的还是要数亚洲。

在我国，野茶树生长的地点多达数百处，而最集中的还要数云、贵、川地区。在那里，茶学家们发现了不少干径在100厘米以上、高度在20米以上的野生茶树。早在三国时期（公元220—280年），以及唐宋时期的文献中，我们也能够找得到关于在西南地区发现了野生大茶树的史料记载。

1961年，中国考古学家在云南省的大黑山密林中（海拔1500米），发现了一棵高达32.12米，树围2.9米的野生大茶树。这棵树孤零零，却也傲然地在那里生长着，周围再也无法找到相似的物种。而据科学家们调查，这棵树的年龄大概有1700年。这大概也是目前找得到的最古老的一棵茶树了。

野生茶树的存在为栽培茶树提供了非常重要的前提条件，也是各国茶学家们判定茶树原产地的重要依据。

茶的最早记录

在还没有发明文字的时候，我们的老祖先就能够编出很多劳动号子，以及各种有关爱情与生活的诗歌。一个一个美丽而又动人的传奇故事，在口口相传的过程中，又加入了很多劳动人民自己单纯而又细腻的理解。

当然，这其中，关于茶的传奇故事也很多，而说到传奇，司马相如这个名字大家一定都很熟悉。

一提起这位风流才子，人们首先映入脑海的大概就是那段有名的“凤求凰”吧，毕竟八卦的爱情故事，更容易长久地占据百姓们的饭桌时间。但是或许很多人还不知道，这位穷书生，不只是懂得风花雪月，也不单单是将时间花费在了如何哄得卓文君笑逐颜开上，他在茶方面也是有着不少独特的见解。

司马相如在自己所写的《凡将篇》中，就第一次提到了茶的概念：乌啄桔梗芫华，款冬贝母木蘗蒌，芩草芍药桂漏芦，蜚廉雚菌荈诧，白敛白芷菖蒲，芒消莞椒茱萸。那时候茶还是被称为“诧”，而司马相如在自己的书中，将茶列为20种药物之一，这也是我国历史上把茶作为药物的最早文字记载。

根据史料记载，茶叶最早是作为药物使用的，相信也是源于神农氏，而后来才又逐渐发展成为了一种时兴的饮料。我们可以想象，在未知的年代，能够发掘出如此清香淡雅的饮品，实属不易。

在瑞典科学家林奈1753年出版的《植物种志》一书中，茶树最初学名定为Theasinensis，L.，后改为CamelliasinensisL.，而这个“sinensis”在拉丁文中就是中国的意思。这份国际文献也从侧面有力地证明了中国才是茶叶的发源地。

如果按此推论，在中国，茶的发现和利用始于原始氏族社会，迄今也应该有五六千年的历史了。而随着考证技术的新发展和新发现，人们已经开始逐渐达成共识——中国才是茶树的原产地，并确认中国西南地区，包括云南、贵州、四川是茶树原产地的中心。之后由于地质变迁以及人为栽培的原因，茶树开始普及扩散到全国范围，并漂洋过海，逐渐传播到了世界各地。

茶的起源和存在，必然是在人类发现茶树和利用茶树之前，直到相隔很久之后，才为人们发现和利用。而人类的用茶经验，也是经过代代相传，从局部地区慢慢扩展开来，又隔了很久很久，才逐渐有文字记载的。

中国茶的各种“最”

世人一向喜欢追寻某个领域的第一人，第一个登上月球的人，第一个吃螃蟹的人，第一个长命百岁的人……他们是最英勇的、最大胆、最长寿的……在历史源远流长的各种茶文化中，也有各种各样的“最”。

最先发现和利用茶的国家

《茶经》记载："茶之为饮，发乎神农氏。"虽然起源是神话故事，但是神农氏的先驱之位，再加上一些对古野茶树的科学考证，中国的茶祖地位，已经得到了大家的认可。

最大的野生茶树

2001年初，云南千家寨树龄2700年的1号古茶王树，因其基径1.2米，胸径0.89米，树高25.6米，树幅440平方米的庞大身量，荣获上海大世界吉尼斯总部授予的最大的古茶树"大世界吉尼斯之最"的称号。

最早的种茶专著

唐代陆羽撰述的《茶经》，是我国也是世界上最早的一部专门解读茶叶生产的专著，到目前为止，已被译成十多种语言，在世界各地广为流传。

最早引入中国茶叶的国家

公元805年，日本最澄禅师到我国浙江等地留学，把茶叶和种子带回日本。发展至今，日本茶道已经成为当地的一种特有文化。

最早的咏茶诗

西晋诗人张载的诗——"芳茶冠六清，溢味播九区，人生苟安乐，兹士聊可娱"，被称为第一首咏茶妙诗。

最早的茶话会

三国时吴国皇帝孙皓赐宴群臣必使之大醉。大臣韦曜酒量小，孙皓为照顾韦曜，便秘赐“以茶代酒”。后来，逐渐产生集体饮茶的茶宴，形式与内容都十分类似今天的“茶话会”。

最完备的茶叶科研教育体系

自《茶经》问世至今，我国就十分重视茶叶的理论研究。现在我国有9所高等院校已经开设茶叶专业，在校学生的数量也稳居世界第一位；我国有两所全国性的茶叶研究所，是世界上茶叶科研教育体系最完备的国家。

茶叶外销画

此画长52.0厘米，宽45.0厘米，原件收藏于英国著名收藏家Roger Kererne家中，2010年自英国购回。全画整套应为12张，缺少第7张，分别描绘了锄地、播种、浇水、施肥、采茶、拣茶、选茶、编笼、运茶、炒茶、装茶。上图为锄地。

播种

浇水

施肥

采茶

拣茶

选茶

编笼

运茶

炒茶

装茶

比屋之饮，殆成风俗：成于唐朝

到底是从何时开始茶被当做一种饮料呢？相关的史料极为难找。考证学家翻遍当时的文献资料，也不过只发现了在公元前59年的王褒所写的《僮约》一文，曾简单地提到“武阳买茶”、“烹茶尽具”等内容，这也是至今发现的茶开始被人类饮用的最早记载。

在茶叶为人类所饮用之初，人们对茶的认识其实是非常肤浅的。由于受当时物质条件的限制，人们在饮茶的时候，无法讲究使用的器皿，只是受先辈们口口相传的启发，将茶作为一种清热解毒的药剂。人们将大的茶叶放在水中煮，茶汤被用来治病，作为药用，而一些嫩绿的茶叶则还可以当做蔬菜食用。

都说川蜀是一块福地，不但风景秀丽，人杰地灵，还有很多美味佳肴。而饮茶的习惯，据说最早也是起源于川蜀之地，然后才逐渐向各地传播。

至西汉末年左右，茶已经成为了当时寺僧、皇室和贵族的一种高级饮料。就这样，随着时间的推移，茶开始慢慢成为一种珍贵的饮品，只为皇家御用。

而皇家御用的东西，在当时并不一定就有多精致，只是在那个物以稀为贵的年代，茶能够作为一种贡品上呈圣颜之前。在普通百

姓还只求温饱的年代，这份御用的标签，自然就在无形之中给茶叶提高了身价。

所以在当时的社会，能够品一品茶，就可以算得上是一种身份的象征。而这种被公认的奢侈饮品，就被拿来宴请上宾。逐渐地，茶开始慢慢发展成为了酒的替代品。而在魏晋南北朝时期，甚至还首次出现了一些以茶养廉示俭的事例。

旧时王谢堂前燕，飞入寻常百姓家

> 茶饮，是从寺庙传进宫殿之中的，本来只是一些得道高僧在修行的时候，使自己静心的一种饮品。但是由于很多高官贵族都趋之若鹜，因此到了汉朝，宫廷里的茶饮也开始变得普及。
>
> “环肥燕瘦”这个词大家都听说过，其中的“环肥”指的是唐玄宗李隆基之妃杨玉环，而“燕瘦”则指的是汉成帝的爱妃赵飞燕。这两位美女虽然体态不同，却都是各有风致，皆擅其美，是古代有名的美人。
>
> 在西汉的《赵飞燕别传》中，上面就明明白白地记载：“成帝崩后，后一日梦中惊啼甚久，侍者呼问方觉。乃言曰：吾梦中见帝，帝赐吾坐，命进茶。左右奏帝云：向者侍帝不谨，不合啜此茶。”

文中赵飞燕确有其人，她体轻善舞，传说竟能够在手掌上起舞，之后被汉成帝看中，先封婕妤，后立皇后。从这样的一段文字

中，我们就不难发现，在汉代，宫廷里喝茶已很普遍。

唐代以前，我国的茶叶生产发展缓慢，充其量也只能算得上是当时传统农业的附属。

而到了唐代中叶以及之后，一个举足轻重的人物，让茶的命运骤然改变了。

茶伯乐——茶神陆羽

唐朝可以说是茶叶历史上的一个重要转折点。在唐代以前，我国南方的很多地方种茶、饮茶的历史已经相当久远，但是从未有过一本茶字专著。被后人称之为“茶神”或者“茶圣”的陆羽却开辟了先河。

陆羽爱茶、迷茶、痴茶，近乎于狂，形成的一套茶学、茶艺、茶道思想，也完完全全地在他的著作《茶经》中体现。

陆羽所著的《茶经》，是中国第一部茶叶百科全书。书中内容十分丰富。《茶经》的问世，也是中国茶文化形成的标志。

而在陆羽和《茶经》的影响和倡导下，茶被赋予了更加浓厚的文化气息，改变了人们的生活习惯。很多文人雅士，追求茶的风雅，很多黎民百姓也非常热衷于饮茶养生。

蒲华秋菊图

此图长82.0厘米，宽34.5厘米，是清代蒲华（1832—1911）所绘，此幅用墨着色不多，惜墨如金，一壶一杯，几枝菊花，寥寥数笔勾画出赏秋赏菊的秋日佳趣。题识：茶已熟，菊正开，赏秋人，来不来？印鉴：作英。

陆氏煎茶法

煎茶法主要是指陆羽在《茶经》中记载的一种饮茶方法，因此煎茶法又被称为“陆氏煎茶法”。煎茶之道可以说是中国茶道形式的雏形，兴盛于唐朝、五代和两宋，历时约500年。

煎茶法通常使用茶饼，经炙烤、碾罗成末，候汤初沸投末，并加以环搅、沸腾则止。主要程序有备茶、备水、生火煮水、调盐、投茶、育华、分茶、饮茶、洁器等9个步骤。

任何一种文化的流行，都得有人追捧。一种饮料的流行又何尝不是？煎茶法一出现就受到士大夫阶层、文人雅士和品茗爱好者的喜爱，特别是到了唐朝中后期，更是在无数爱茶者的支持下，逐渐成熟并发展起来。

煎茶法在中晚唐时期的流行，我们还可以从唐诗中窥见些端倪。

刘禹锡《西山兰若试茶歌》诗有“骤雨松声入鼎来，白云满碗花徘徊”。

僧皎然《对陆迅饮天目茶园寄元居士》诗有“文火香偏胜，寒泉味转嘉。投铛涌作沫，著碗聚生花”。

白居易《睡后茶兴忆杨同州》诗有“白瓷瓯甚洁，红炉炭方炽。沫下曲尘香，花浮鱼眼沸”。

白居易《谢里李六郎寄新蜀茶》诗有“汤添勺水煎鱼眼，末下刀来搅拌曲尘”。

卢仝《走笔谢孟谏议寄新茶》诗有“碧云引风吹不

断，白花浮光凝碗面”。

李群玉《龙山人惠石禀方及团茶》诗有“碾成黄金粉，轻嫩如松花”。

文成公主——嫁妆箱里茶香溢

放眼世界，我国的封建王朝可谓占据了历史相当长的一段时间。在那个天下莫非王土的年代，能够出生在皇宫大院内，身份自然是比旁人高了好几个台阶。

但是这些王子公主们，也有他们的无奈，那就是他们不能自主的婚姻。就像我们如今在电视里经常看到的那样，即便是在国运昌盛的唐朝，为了和周边的少数民族协调好关系，大唐皇帝也没少忍痛将自己的宝贝闺女远嫁他乡。

而在那些为了国家民族牺牲自我的公主中，唐朝的文成公主可以说是不幸的，又是幸运的。文成公主远嫁吐蕃，而驸马爷松赞干布为了她，不惜花重金在西藏建造了一座布达拉宫，仿造了很多公主家乡的建筑。两个人因为政治原因牵手，不仅促进了两个民族的安定团结，更是一项非常好的经济文化交流项目。

因为在文成公主启程之前，就在自己的嫁妆箱里放了很多中原的优良植物，由于文成公主爱饮茶，嫁妆里自然也少不了茶叶。就这样，茶文化也随之传入西藏，并在当时的贵族间盛行，两地的茶马交易也由此正式拉开了帷幕。

而相传，藏区人民最爱喝的酥油茶也是文成公主调制的。当年，文成公主刚嫁到吐蕃，适应不了高原干冷的气候环境，对每餐肉多乳多的饮食也不习惯，常常感到油腻，消化不好，于是便想到把清爽的茶加进奶中饮用，果然好了很多，而这便是奶茶最初的由来。文成公主还尝试在煮茶时，加入酥油、盐、松子等，经过一步步演变，就发展成了现在的酥油茶。文成公主还经常把茶赐予臣民，使得越来越多的藏民也感受到茶水清幽的口感和醒脑提神的功效，这大大促进了西藏茶叶的传播和发展。

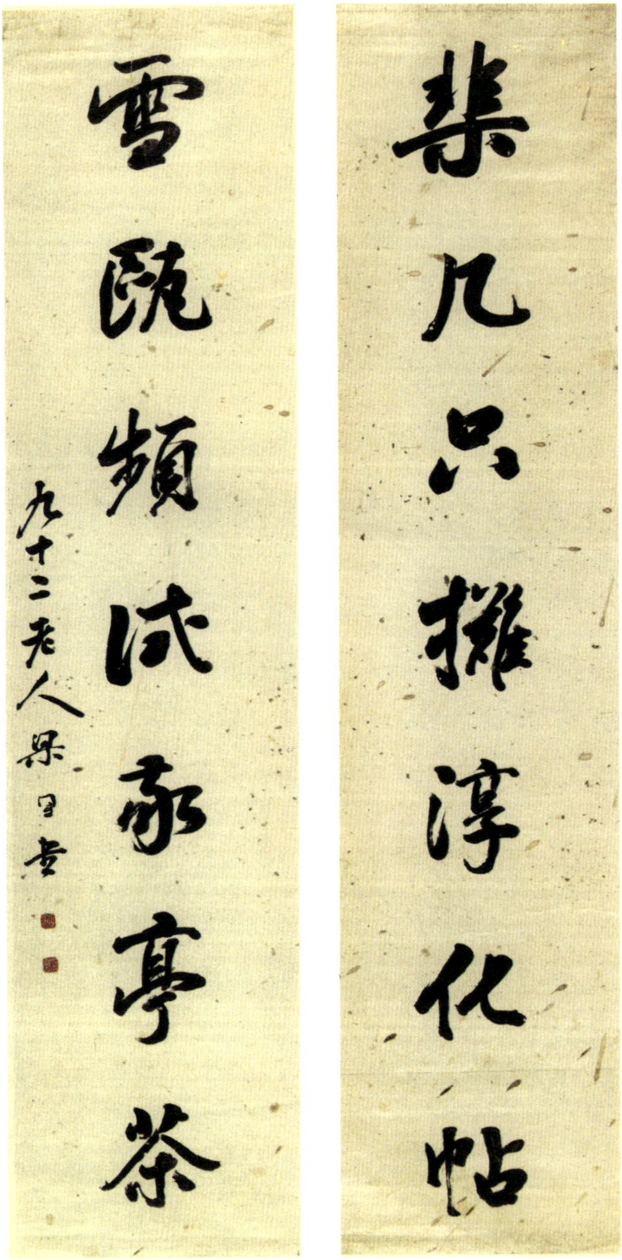

梁同书对联

这幅长130.0厘米，宽30.0厘米的对联是由清代梁同书（1723—1815）所写。此作温文尔雅，厚重中不乏灵动飞扬。释文：“棐几只摊淳化帖，雪瓯频试敬亭茶。”此联句出自清代汪琬《再题姜氏艺圃》。题识：九十二老人梁同书。钤印：山舟、梁同书印。

雅俗共赏，斗茶成风：兴于宋代

概括而言，唐朝是一个主要以僧人、道士和文人为主流支柱的茶社会。而到了宋朝，品茶人群在纵向上就得到了进一步的扩展。一方面，出现了宫廷茶文化，使得饮茶蒙上了一层神秘的面纱，引人入胜；而另一方面，在好奇心的驱使下，市井茶文化以及民间斗茶之风的兴起，也让茶在历史的洪流中得到了飞速的发展。

有人曾说过，真正的艺术，是集阳春白雪般高雅与下里巴人般通俗于一体的。高高在上，则少有听众，没有共享的美好；而下流恶俗，则又让人躲之不及。

而茶，这样一种饮品，在上升为一种文化的过程中，无疑是比较成功的。既没有忘本，丢掉泥土的本色；又完美变身，跻身成为了人们竞相品赏的对象。

如果说唐朝给了茶登上大众舞台的机会，那么宋朝，无疑是一个让茶斐然中外的时代。在经历了唐朝茶业与茶文化启蒙发展阶段，宋朝成为历史上茶饮活动最活跃的时代，丰富多彩的民间饮茶方式，更是让中华民族的茶文化绚烂夺目。

斗茶

比起斗茶，我们或许更熟悉古时候人们“斗蛐蛐”或者“斗鸡”之类的消遣活动，那么斗茶也是赌博的一种形式吗？或许相比赌博二字，将之比喻成一种竞技比赛更贴切吧。

在宋朝，随着饮茶的普及，关于茶的活动也日渐丰富起来，人们不再安逸于闲坐在一起无所事事地品茶，为了避免单调无趣，民间开始兴起了斗茶的风气。

“斗茶”也称“茗战”，比的既有茶质，又有茶艺。而用来决定胜负的标准共有两条，一是“汤色”，二是“汤花”。

所谓的“汤色”，顾名思义，指的就是茶汤的颜色。俗话说“没有规矩，不成方圆”，当然这孰优孰劣，也是有公认的评比标准的。标准非常之简单，那就是茶汤的颜色以纯白色为最上，其他的颜色则不正。

制订这样的条文也是相当有讲究、有根据的。如果茶汤呈现出的是纯白色，那就说明茶叶的采摘、加工，都是恰到好处。如果颜色偏青，说明在加工时火候不足；相反，如果偏灰，就是过火。如果偏黄，那么则是茶叶的采制出了问题。

所谓“汤花”，则是指茶汤倒进茶盏之中在表面上泛起的泡沫。汤花讲究匀称，在汤花散尽之后，水痕出现得越晚越好。这样的场景是不是让人联想到了奥运场上的跳水比赛了呢？正如赛场上的得分技巧，是进水面积越小越好，而如果想要在斗茶中获胜，就必须把茶末研磨得非常细腻，同时在注水点汤的时候，力道要把握好，不温不火。汤花的最佳效果是，汤花出现之后，久久不散，而且汤花紧紧咬住茶盏的边缘，但是绝不流溢，这就叫做“咬盏”。如果汤花很快散开，或者流溢出来，那就对不起了，请参赛者收拾好东西明年再来了。

分茶

而说到分茶，有点儿类似于我们今天看到的沙画，也跟现代酒吧里表演的花式调酒很是相像，看来艺术的世界的确是相通的。

分茶，又被人称之为“茶百戏”，是一种很需要技艺的游戏。

分茶技艺高超的人可以利用茶碗中的水脉，创造出许多绮丽美妙、富于变化的图案来，让观赏的人可以从图案的变化中得到赏心悦目的乐趣。

酷爱分茶的蔡襄就曾在他的著作《茶录》中提出了几点经验，供喜好分茶的人参考琢磨。

他说，要分出一盏好茶，有很多需要注意的地方。首先就是要严格地挑选茶叶，茶以青白色为好，黄白色为差；以自然芬芳者为好，添加香料者为差。其次为了防止团茶在存放时吸潮而影响品质，在饮用前还要进行炙烤以激发其香气。而碾罗则是冲泡末茶的特殊要求，在操作时也要讲究技巧，先用纸将茶裹紧捣碎，然后熟碾并细细筛滤。最后是点汤，要注意控制茶汤与茶末的比例，以及投茶与注水的先后顺序，烧水的温度、茶具的质地和颜色以及手法等也有诸多讲究和技巧，如此才能分出一盏美茶。

作为一种趣味性十足的游戏，分茶还可以寄托文人的闲情雅兴，培养艺术创作的灵感，是一种精致的技巧。

点茶

宋朝，饮茶方式逐渐发生了新的变化，煎茶法由于繁琐复杂而开始走下坡路，新兴的点茶发展成为时尚。当时的茶学家蔡襄所著的《茶录》为点茶茶艺的发展奠定了基础。

点茶茶艺于唐朝末期出现，到北宋时期逐渐发展成熟，北宋后期至明朝前期达到鼎盛，明朝后期走向衰亡，在茶史中持续存在了约600余年。

点茶法主要包括备器、选水、取火、候汤和习茶5个环节。在点茶时先将饼茶碾成末，放在碗中待用；烧水时要注意调整炭火，调炭时有“三炭”之说，即底火、初炭（第一次添炭）和后炭（第二次添炭）；待水初沸时立即离火，冲点碗中的茶末，同时搅拌均匀，茶末上浮，形成粥面，即可饮用。

点茶法风行宋元时期，多愁善感的宋朝文人，自然也少不了要来凑一凑热闹了。

北宋范仲淹《和章岷从事斗茶歌》诗有“黄金碾畔绿尘飞，碧玉瓯中翠涛起”。

北宋苏轼《试院煎茶》诗有“蟹眼已过鱼眼生，飕飕欲作松风鸣。蒙茸出磨细珠落，眩转绕瓯飞雪轻”。

北宋苏辙《宋城宰韩文惠日铸茶》诗有“磨转春雷飞白雪，瓯倾锡水散凝酥”。

南宋杨万里《澹庵坐上观显上人分茶》诗有“分茶何似煎茶好，煎茶不似分茶巧。蒸水老禅弄泉手，隆兴元春新玉爪。二者相遭兔瓯面，怪怪奇奇能万变。银瓶首下仍尻高，注汤作字势嫖姚”。

宋释惠洪《无学点茶乞茶》诗有“银瓶瑟瑟过风雨，渐觉羊肠挽声变。盏深扣之看浮乳，点茶三昧须饶汝”。

北宋黄庭坚《满庭芳》词有“碾深罗细，琼蕊冷生烟”，“银瓶蟹眼，惊鹭涛翻”。

宫廷绣茶

宋朝茶文化的发展在很大程度上与宫廷风俗的影响密不可分。所以即使是民间饮茶，当中所蕴含的文化特色或是形式内容，都带有明显的贵族色彩。而茶文化在这种高雅的文化范畴内，得到了丰富全面的发展。

在当时担任福建转运使的蔡襄的努力下，宋代贡茶不仅在制作上更加精良细致，品质也较之前有了一个很大的飞跃。而提及后来由蔡襄亲自研制出的小龙凤团茶时，著名诗人欧阳修更是用“价值黄金二两”高度评价了此茶的珍贵。真可谓是“黄金易得，香茗难求”。

而这种新型的小龙凤团茶，不仅得到了欧阳修的肯定，更是让当时的皇帝宋仁宗青睐有加。即使是对很多劳苦功高的近臣，宋仁宗也绝不轻易地赐予此茶。只有在每年年底的南郊大礼祭祀天地的时候，在中枢密院任职的几位大臣才有幸共同分到一团。

但是这样珍贵的小小龙凤团茶，大臣们哪里舍得自己享用啊，一般都是用来孝敬自己的父母或者用来转赠好友。

而这种茶，由于在皇帝赏赐给大臣之前，都要将宫女用金箔剪成的龙凤花草图案先贴在上面，所以又得名“宫廷绣茶”。“绣茶”是宫廷内的高标准高规格物品，当然不是一般人能轻易看到的。

与唐代茶学相比，宋代茶学更注重的是深度。与此同时，茶文化在这种高雅的范畴内，得到了更为丰富的发展。

文人眼中的宋茶

五代徐夤《谢尚书惠蜡面茶》诗有“金槽和碾沉香末，冰碗轻涵翠缕烟。分赠恩深知最异，晚铛宜煮北山泉”。

北宋苏轼《汲江煎茶》诗有“雪乳已翻煎处脚，松风忽作泻时声”。

苏辙《和子瞻煎茶》诗有“铜铛得火蚯蚓叫，匙脚旋转秋萤火”。

北宋黄庭坚《奉同六舅尚书咏茶碾煎茶三药》诗有“冈炉小鼎不须催，鱼眼长随蟹眼来”。

南宋陆游《郊蜀人煎茶戏作长句》诗有“午枕初回梦碟度，红丝小皑破旗枪。正须山石龙头鼎，一试风炉蟹眼汤”。

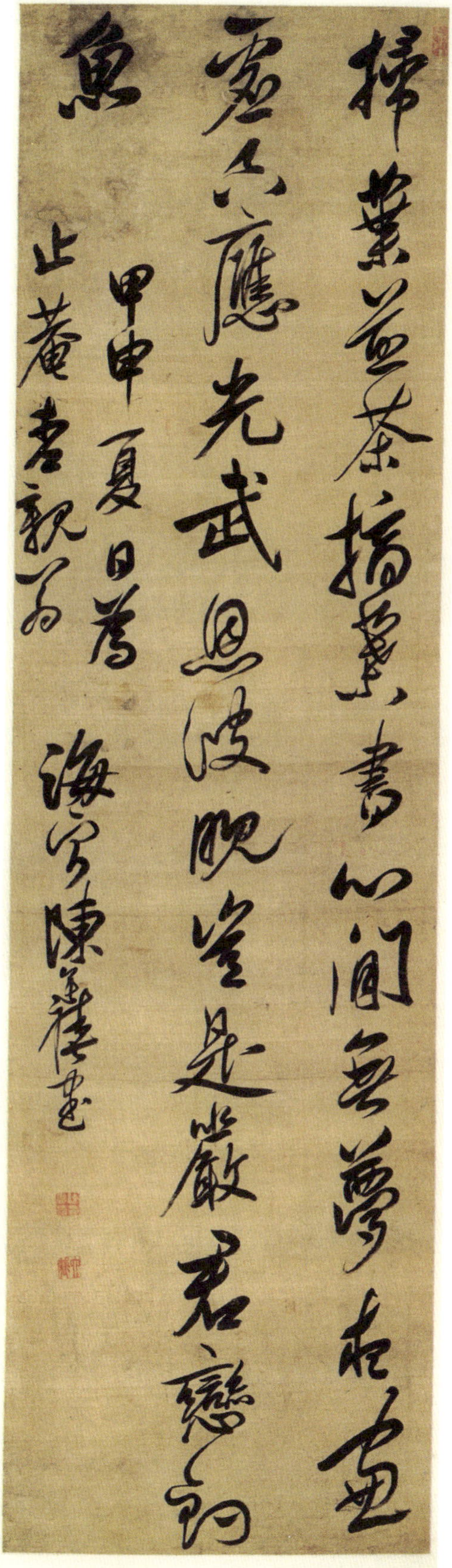

陈奕禧书法

这幅长174.6厘米，宽48.0厘米的书法，是由清代陈奕禧（1618—1709）所写。

此行书取法晋人，笔锋劲健，端庄流畅，在陈奕禧的书法中也属精品。释文：“扫叶煎茶摘叶书，心闲无梦夜帘虚。只应光武恩波晚，岂是严君恋钓鱼。”题识：甲申夏日，为止庵老亲翁，海宁陈奕禧书。钤印：陈奕禧印、六谦、御赐日岩。

香飘巷陌，福泽万家：盛于明清

唐朝时期，人们喝茶的方式主要是煎茶，而到了宋元时期，则又以点茶为主。而我们现代人比较常见的泡茶之法，却是在明清时期才逐渐开始流行的。

据史书记载，其实早在唐代，泡茶法就已经出现了，但是由于种种原因始终没有传播开来。直到改朝换代，朱元璋做了皇帝，罢免了贡团饼茶，才使得散茶逐渐为人们所青睐，茶风也就随之发生了变化，泡茶法开始替代煎茶和点茶法，成为了人们喝茶方式的主流。

明代的陈师曾经在著作《茶考》中这样记载：“置茶于瓯、盏之中，用沸水冲泡，明时称撮泡。”

民国时期的幽默大师林语堂是闽南漳州人，从小就深受闽南功夫茶的熏陶喜茶、爱茶，更好品茶。他有一段喝茶“三泡”说相当地风趣：严格地论起来，茶在第二泡时为最妙。第一泡譬如一个十二三岁的幼女，第二泡为年龄恰当的十六岁女郎，而第三泡则是少妇了。

当然，英雄总是所见略同，在品茶的心得上也不例外。早在明代也有一位爱茶的学者许次纾曾有过类似的“三泡”之说。他在

《茶趣》中说："一壶之茶，只堪再巡，初巡鲜美，再则甘醇，三巡意欲尽矣。"

下面就让我们一起来看一看这个让古今文人们都钟情的泡茶法，跟我们平日里随性的饮用，到底能够差上多少呢？

泡茶法的演变

传统泡法遵循的原则就是简单二字，没有那么多条条框框约束，十分适合大众饮用，所以流传地也最为广泛。

传统泡法主要分为八个步骤。

首先需要烫壶，此时要将沸水冲入壶中，一直到满了为止。

然后就是倒水，需要将壶内的水倒出来，放到茶船中。

接着就是最有特色的环节——置茶了，要将一个茶漏斗放在壶口的位置，然后用茶匙将茶慢慢地拨入壶中。

放好茶后，就可以注水了，将烧好的水倒入壶中，一直到泡沫溢出壶口为宜。

倒茶也很有讲究，拿壶的人要先提壶沿着茶船逆行转圈，意在刮去壶底的水滴。因为一般的茶壶都是红色的，而且刚从茶池中拎出来的时候热气腾腾，就仿佛是三国时的关公威风凛凛，所以又称作是"关公巡城"。此时还要注意磨壶时的方向，一般在欢迎喝茶的时候要逆时针方向磨，而送客时则要往顺时针方向磨。当然这是指大多数人用右手执壶，如果是左手，则正好相反。

然后是分茶，将茶中的茶汤均匀地倒到各个茶杯之中，七分满为好。

接着就有专门的人为客人一一将茶奉上，当然好友相聚的时候就比较自由了，可以随便自己取饮。

一壶茶喝完后，还要记得用渣匙将壶中的茶渣清理干净。当然洗杯洗壶的步骤也是最后必需的一个步骤，这样以备下次再用。

这种传统的泡茶方法，流传至今，仍然深受广大人民喜爱，现今流行于闵、粤、台等地区的“功夫茶”就是典型的壶泡法。

泡茶的几个误区

众所周知，茶叶是有益于身体的健康饮品，因此它还被人称作“康乐饮料”之王。但是并不是所有人的饮茶方式都科学正确。对照下面罗列的几种做法，可以看看自己平时做得对不对。

用保温杯泡茶

在寒冷的冬天，很多人都喜欢手捧一个保温杯，沏茶喝水，其实这样是不合适的。

沏茶最适合的器皿是陶瓷壶杯，如果用保温杯泡茶，长时间的高温就会使得茶叶中的一部分芳香油逸出，香味减少；同时浸出的鞣酸和茶碱也会增多，使茶水过浓，增加了苦涩味；并且在水温70度以上时，茶叶中对人体有益的维生素C和维生素D等，也会受到相当大的损失。

不用沸水泡茶

虽然我们说在水温过高的情况下，茶叶会损失一定的营养，但是科研人员经过试验发现，在冲水的过程中，沸水的温度并不会大量破坏维生素。所以为了能让人更快地享受到茶的美妙，合理而科学的冲泡方法是第一道茶汤用沸水，时间以5～10分钟为宜。

泡茶时间过长

一般情况下，茶叶以浸泡4～6分钟后饮用为最佳，此时80%的可溶性营养物质都已经浸泡出来。而时间太长，就会使茶水增加苦涩味。而一些人在冬天，将茶水放在暖水瓶中，或者在炉灶上长时间保温，则容易使茶水发生很多的化学变化，不宜再继续饮用。

咀嚼泡过的茶叶

很多人在喝茶之后还有个习惯，就是把茶叶咀嚼之后咽下。认为这样既不浪费，还能将茶叶中的营养成分吸收彻底。但是有实验证明，已经冲泡过的茶叶中，是含有一定量的致癌物质的，所以我们不提倡饮茶之后，还继续“吃茶”。

习惯泡浓茶

泡一杯浓度适中的茶水，一般只需要10克左右的茶叶，这已经足够。但是喜欢熬夜的一些朋友就比较喜欢泡浓茶。但是茶水太浓，会浸出过多的咖啡因和鞣酸，对人的肠胃刺激性太大。所以肠胃不好的朋友还是少饮浓茶为宜。

茶是众人皆知的健康饮品，但是再健康的东西，我们都应该酌情量用。如果方法不对，不但起不了保健作用，反而会对我们的身体产生一定的损害。所以，爱茶的朋友们，一定要用恰当的方法饮茶。

清朝茶商

至清朝年间，茶叶仍然属于政府垄断的紧俏商品，一般的商人是可望而不可即的，不能随意贩运。所以在清朝，茶叶就大抵可以分为“官茶”和“商茶”两大类。

“官茶”，似乎一下子就让人想起了如今很多商品的广告词，类似什么“国宴专用”。

面对质量多于地位的另类诱惑，普通百姓当然都心驰神往，可是面对现实难免又只能望而兴叹。而另一些稍有些物质基础或者社会地位的人，则更是将能够品尝到官茶，视为一种至高无上的荣耀。

而“商茶”的买卖交易，则多为茶行商人代理收购销售。自从康熙中期，开海禁的法令颁布实施之后，清代对外贸易发展非常迅速，茶叶的外销也日趋增加。于是，那些经营官茶的茶商开始逐渐黯淡了曾经颐指气使的光芒，而自由灵活的商茶客贩，则越来越盛行。自此，茶叶也开始扩散到全世界人们的生活圈子之中。

全民皆迷茶

在明清时期，从皇宫显贵到平民百姓全国上下几乎所有人都在饮茶。

清朝的大部分官员是游牧民族出身，平常喜好肉类食品，而茶能够戒除食物中的油腻。因此，当时的茶，深受人们的喜爱。

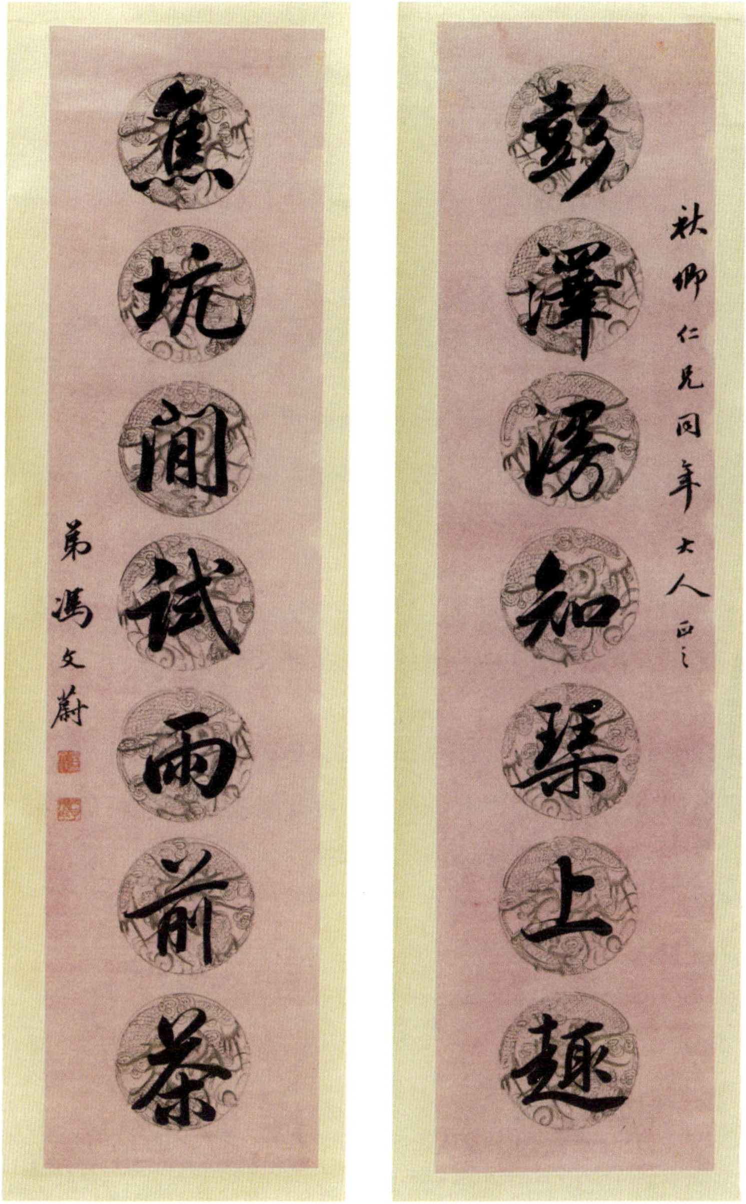

冯文蔚对联

这幅长122.0厘米，宽29.0厘米的对联，是清代冯文蔚（1841—1896）所书。

此书法取法米芾、董其昌一路，写得厚重而灵动，笔画间映带自然，堪称佳作。释文：“彭泽漫知琴上趣，焦坑闲试雨前茶。”联句出自宋朝大诗人苏轼的两首诗。款识：秋卿仁兄同年大人正之、弟冯文蔚。钤印：冯文蔚印（白文）、丙子探花（朱文）。

东方赠予西方的最好礼物：茶的传播史

目前，我国茶叶已畅销世界五大洲上百个国家和地区，世界上有50多个国家引进了中国的茶籽、茶树，有150多个国家和地区的人有饮茶习俗。中国近年来的茶叶年产量达50多万吨，其中三分之一以上用于出口。

有学者曾经说过，文字的演变，可以在一定程度上反映出当时社会生活的演变。而作为广受人们青睐的传世饮品，茶在不同地区不同国家的读音，也和历史的发展有着千丝万缕的联系。

广东是中国古代重要的港口，茶叶走出国门的第一步就是从这里开始的。广东话里，茶读“cha”，因此，经广东传到中东，再由中东传至东欧各个国家，这一沿线上的很多国家都把中国茶念做“cha”。

而英国以及荷兰等国大都是在福建的福州、厦门进行茶叶贸易，然后再将茶带到了西欧各国，所以这些地方就随着浓重的福建方言把茶称之为“tai”。

俄罗斯人则是从内陆港口汉口开始进口中国的茶叶，于是将茶又读作“chai”。

茶从中国传播到世界诸国，普遍通过以下三种渠道：

由僧侣和使臣们，将茶叶带进周边地区；
在国与国之间的交往中，宝贵的茶叶成为赠送的礼品；
通过贸易商务，将茶叶销往国外。

茶在美国

美国人留给东方人的印象，一向都是Open的，即开放、不拘小节。他们的这种脾气性格似乎与品茶这样一种需要细细品味的活动格格不入。

不过，美国人其实非常喜欢中国茶，注意过西方的一些礼仪习惯的人就会知道，在美国，如果在拜访客人的时候，能够带上一套茶具或者是上好的茶叶，那必然会让主人格外高兴。因为这要比随处可见的鲜花和红酒要更加用心、有意义得多。

美国是一个年轻的国家，所以我国与美国之间开展茶贸易的历史几乎和他们建国的时间一样长。而据统计数字显示，美国年平均的中国茶叶进口量就占其茶叶进口总量的20%。

当然我们也不难想象，他们所进口的茶叶品种，多是以红碎茶以及中低档的绿茶为主，并且大多都是袋泡装，这就和美国人快节奏的生活比较相符。

而在近几年，随着人们自我保健意识的增强，绿茶保健功能的广为人知，美国也开始掀起一阵“中国绿茶热”。

中国茶在美国的华丽变身

谈到美国人的饮茶习惯，最初其实是由欧洲移民带去的。但是比起欧洲的“茶粉丝”来，美国显然还是相差一大截。但是这丝毫不影响茶饮用的大体方式的传播，美国饮茶也大致分清饮与调饮两种，很多人都喜欢在喝茶的时候，在杯子内加入柠檬、糖及冰块等添加剂。

不过，美国人的不拘小节还是在喝茶上有所体现，不像欧洲人那么讲究。他们生活节奏的速度，决定了方便快捷的饮茶方法会得到青睐。因此，他们的茶主要是以冰茶、速溶茶为主。

而冰茶之所以受到美国人的欢迎，是因为人们不愿花费时间喝茶。而且在喝冰茶的时候，饮茶者还可以结合自己的口味喜好不同，添加糖、柠檬，或其他果汁等。如此调制，既有茶的醇味，又有果的清香，尤其是在炎炎夏日之时，饮之满口生津，暑气全消。

美国人也喝鸡尾茶酒，特别是在风景秀丽的夏威夷，当地的民众以及来此地旅游的客人们，都普遍有喝鸡尾茶酒的习惯。鸡尾茶酒的制法并不复杂，即在鸡尾酒中，根据各人的需要，加入一定比例的红茶汁，就成了鸡尾茶酒。只是鸡尾酒对红茶质量的要求较高，茶必须汤色浓艳，刺激感强。人们认为用这种滋味鲜爽的高级红茶泡制而成的鸡尾茶酒，味更醇，香更浓，能提神，可醒脑，因而特别受人们的欢迎。

茶在英国

英国出现的第一则茶叶的广告，是至今发现的最早的售茶记录。而第一批由英国直接进口的茶叶，当然要首先给最尊贵的女王品尝，也是被直接送到了首都伦敦，这大概是在17世纪之初。英国皇室首次与茶发生了触电，很快，这种饮茶之风，就刮遍了英国的每个角落。

在1664年的时候，东印度公司还曾经专门在中国寻觅珍贵茶品，以进献给英王。而当时的茶价堪比如今的珠宝黄金。

尽管价格看起来有些拒人于千里之外，但是仅英国每年花费在进口茶叶上的钱就有两千磅左右。到了后期，更是翻了几倍，多达14万磅。

每年巨大的进出口差额，当然让英国人有些难以承受。于是，英国马上以最快的速度，占领了印度，并在当地植茶制茶。自己做出来的东西，当然要比中国的有些优先优惠的条件，所以到了1880年，印度红茶的输出就有赶超我国的趋势。

在英国，茶被视为美容、养颜的饮料，从宫廷传到民间后形成了喝早茶、午后茶的时尚习俗，博学的勃莱迪牧师称茶为“健康之液，灵魂之饮”。

茶香与硝烟

很多人都认为中国的禁烟斗争，是西方列强纷纷发动侵略战争的导火线。其实对于这场战争，茶，也脱不了干系。

中国是茶的原产地，在隋唐时期，传播到了中亚，并逐渐传播到了西方各国。约1729—1769年左右，中国对英国的商品输出，首推茶叶，其次才是丝绸、土布和瓷器。而英文中的单词“Tea”就是由厦门方言的“退”音和英语的语音合成，它最早出现在1664年，英国商人在中国厦门港设立的贸易代表处。

据资料显示，当时中国每年输出的茶总量约有30万斤，至18世纪末，最高的时候几乎能够达到1800万斤，占出口总额的九成以上。而英国输入中国的商品，仅棉花、洋布、钟表等量少产品，价值却不抵中国商品的十分之一。如此巨额的贸易逆差，使英国不得不以大量的白银支付。英国曾试图在中国推销其纺品和纱布，却因中国丝绸业发达、土布价格低廉等因素而未成功。

而正是为了改变这一状况，英国人才发现了鸦片这一有利可图的商品。于是，英国的东印度公司在印度大量种植鸦片，向中国倾销。就这样，中国在各个不平等条约的压榨下，早已无力发展自己的经济，在世界茶叶市场上一枝独秀的局面彻底改变。

因为茶的缘故，当年强大的英国占据了香港；但是也同样因为茶，美国独立战争发生了，英国最终失去了美国。从此，那个曾经殖民地占据半个世界的大英帝国开始了她光辉黯淡的历史。可谓，成也茶，败也茶。

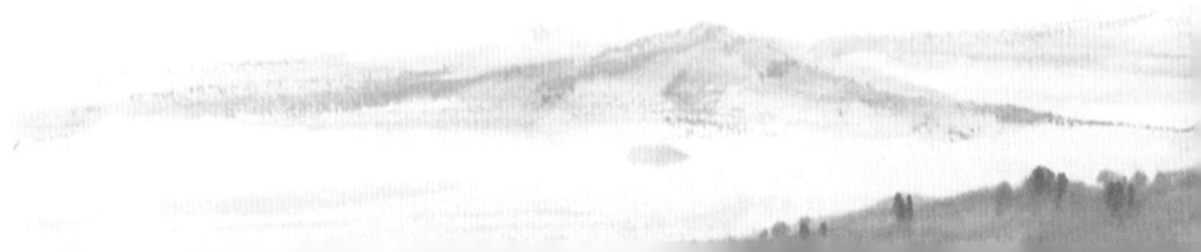

茶道

中国茶道：尽在功夫

著名文学家巴金先生，又被人称为世纪老人，是潮汕功夫茶的铁杆“粉丝”。据好友作家汪曾祺的《寻常茶话》中所记：“1946年冬，开明书店在绿杨邨请客。饭后，我们到巴金先生家喝功夫茶。几个人围着浅黄色老式圆桌，看陈蕴珍（萧珊）表演：濯器、炽炭、注水、淋壶、筛茶。每人喝了三小杯。我第一次喝功夫茶，印象深刻。这茶太酽了，只能喝三小杯。在座的除巴先生夫妇，有靳以、黄裳。一转眼，43年了。靳以、萧珊都不在了。巴老衰病，大概没有喝一次功夫茶的兴致了。那套紫砂茶具大概也不在了。”

那么到底什么是功夫茶呢？

所谓功夫茶，并非一种茶叶或者哪种茶类的名称，而是指一种泡茶的技法。而能够被称作功夫茶，我们单从字面上就可以看出来，这可不是一般人能够操作得了的。其中沏泡的学问，品饮的功夫，堪称茶文化中的精髓。

自从贡茶制度确立了茶叶的“国饮地位”，几乎整个社会都开始争相追逐茶风。皇家好恶的力量确实不可小觑，几乎可以影响到整个社会的风俗习性。而源于明清的潮汕功夫茶，就是当时皇宫里经常上演的贵族茶道，幸运的是，它如今已经走出了宫门，不仅仅供达官贵人们享用，普通的民众也能够一睹风采了。

功夫茶在广东的潮州府（今潮汕地区）及福建的漳州、泉州一带最为盛行。宋代著名诗人苏辙曾经专门作诗曰："闽中茶品天下高，倾身事茶不知劳。"而时至今日，在潮汕本地，几乎家家户户都备有功夫茶具，不管工作杂事有多繁忙，每天喝上几轮茶的生活习惯是雷打不动的。即使是一些已经侨居外地或者移民海外的潮汕人，也仍然保存着品功夫茶这个风俗。可以说，有潮汕人的地方，便有功夫茶的清香。

功夫茶之一——茶叶

一般来说，表演功夫茶大多采用的都是乌龙茶，如铁观音、水仙和凤凰茶等。而凤凰茶和水仙，虽然是绿底金边，颜色鲜艳而又相配宜人，却可惜产量少，极为珍贵不易多得。所以冲泡功夫茶采用的一般是铁观音。

而好茶的人都知道，茶在大体上可以分为绿茶、红茶、乌龙茶三大类。其实茶树本身并没有多大的不同，差别之处只是在于制作过程。

绿茶不需要发酵，所以能够保存大部分的维生素C，像龙井、毛尖、碧螺春都是顶级的绿茶。而红茶呢，则是需要发酵的步骤，维生素自然是流失了，至于乌龙茶，则是属于半发酵的茶叶品种，它兼具红绿茶的妙处，但是制作工艺却也相对复杂，所以全国只有福建和潮汕两地能制。

只有乌龙茶才能冲出功夫茶所要求的色、香、味俱全的效果。

而功夫茶又以浓度高而著称，初喝的时候大多觉得苦，但是一旦习惯后就又会嫌其他茶不够滋味了。

功夫茶之二——水

茶圣陆羽曾经在《茶经》中这样描述：“其水，用山水上，江水中，井水下。”所谓山水当然就是最上乘的，指的是大自然的天然馈赠——雪水、露水等。

曹雪芹在《红楼梦》中曾经描写过很多喝茶的画面，其中就有提到用五年前在梅花上收的雪水冲茶喝。这样讲究，可真是把饮茶的水讲究到极致了。

不过据很多民间传奇中所描述的，古时候的很多有钱人家，都有人专门在早上的第一道光线出来之前，就用竹筒等器皿去一滴滴地收集树叶上的露水。所谓日出前的水属阴性，泡茶会更清香的说法也不是空穴来风。据现代科学家的研究表明，自然界中的雨水、雪水以及露水都属于纯软水，用这样的水泡茶，可以令汤色更加清明，味道特别清香。

还有一种极品的水——地水，也就是山泉水，地水按照土质的不同还可以更具体地被分为土质、沙质、泥质等。其中，沙质是最好的，因为沙子有天然过滤的作用，可以使茶水的味道更加清澈。

光把水准备好了还不够，宋朝诗人苏东坡有诗云：“活水仍须活火烹”。活火，就是指将木炭点燃，火焰还必须大而热烈才可以。潮汕人煮茶时还有专门的一种木炭，叫做“绞枳炭”。

“绞枳”是一种很坚硬的树木，烧成炭后，丝毫没有烟熏味，敲之有声，碎之莹黑，是最上等的燃料。除此之外，当地人还有用乌榄核作炭的，它的火焰浅蓝，焰活火匀，更是特别。

地道的潮汕功夫茶，要用加入乌榄核的木炭，用红泥小火炉把水烧至鼎沸，以备冲茶。

功夫茶之三——茶具

相比茶叶和冲茶水，功夫茶在茶具的要求上也是一点儿都不低。而有内行人说，其实功夫茶之所以和其他的喝茶方法区别开来，茶具占了很大一部分原因。

据说当年茶圣陆羽一共精心研制了二十四种各司其职的茶具，而潮汕功夫茶能够用到的最少有十种。

所以想要喝上真正地道的功夫茶，就得先把硬件准备好。总体说来，比较讲究的潮汕功夫茶对茶具有这么几个要求。

茶壶要做到“小、浅、齐、老”

茶壶本身的质地相当重要，最好是陶制，紫砂更妙。款式色[illegible]个人喜好不同无需什么具体的标准，但是“宜小不宜[illegible]浅不宜深”。茶壶如果太大就会显得笨拙，也没法看出茶艺师傅的真正功底了。而深浅则又关系到气味，浅才能够留香不蓄水，茶叶才能保持原味更长久。

除此之外，功夫茶的茶壶还特别讲究“三山齐”。就是将茶壶盖子拿掉后倒扣在桌子上，如果壶滴嘴、壶口、壶提柄都能保持在一条直线上，那就是非常好的茶壶了。

而“老”就是看壶底的残渣究竟有多厚。一个茶壶用久了，壶

宋・审安老人茶具图

里就会积上一层“茶渣”，一些老于喝茶的人最讲究这一层茶渣。一个茶壶的贵重程度跟茶渣的多少有直接关系。据说茶渣积得够多的老茶壶，都不用放茶叶，只要一冲开水，茶香味就满溢开来。

茶杯要做到“小、浅、薄、白”

能够品到一杯好茶，茶杯的质量当然也是至关重要。茶杯小，才能一啜而尽；茶杯浅，才能水不留底；茶杯质薄如纸，更能添其茶香；茶杯色白如玉，才能衬托茶的鲜艳诱人。

在喝茶很讲究的朋友中还流传着这样的一句话，即“春宜牛眼杯，夏宜栗子杯，秋宜荷叶杯，冬宜吊钟杯”。用时下流行的话说，哥喝的不是茶，是一种对生活品质的极致追求。

其他的诸如茶洗应一正一副，茶盘讲究“宽平浅白”，茶垫要夏浅冬深，更是在喝茶时对细节注重的一种表现。仅仅茶具就这么多的讲究，还未喝茶，是不是就已经感受到了功夫茶的魅力了呢?

功夫茶之四——烹茶

茶叶、茶具、水火等都准备好之后，万事俱备，只欠东风，这里的东风当然就是指冲茶人的烹茶功夫了。

第一招：治器，包括起火、掏火、扇炉、洁器、候水、淋杯等六个动作。

其中候水和淋杯都是初显身手，在大约起火后十几分钟，就能听见飕飕作响，当它的声音突然又变小时，立即将砂铫提起，然后淋罐淋杯。

第二招：纳茶，即把茶叶先倾倒在一张洁白的纸上，然后区分粗细。最粗的茶叶要放在罐底和滴嘴处，而细末放在中层，再在最上面平铺一层粗叶就好了。这样可以使茶倒出来的时候均匀，茶味更加容易发挥，并且还能防止塞住滴嘴。

第三招：候汤，为此宋代著名诗人也是茶的爱好者——苏东坡先生曾经有诗云：蟹眼已过鱼眼生。说的就是冲茶，还是应以沸水为好。

第四招：冲茶，其过程讲究的是“高冲低洒”。高冲可以使开水有力地冲击茶叶，使茶的香味更快地挥发，而茶叶也不至于有涩滞之感。

第五招：刮沫，好茶壶水满后茶沫浮起，但是又绝不会溢出来。这时候就需要提起壶盖，从壶口处轻轻地刮去茶沫，再盖住。

接下来的步骤还有淋罐、烫杯、洒茶，都是招招见功夫，步步引人观。饮用一杯这样的茶，真是让人翘首以盼，有一种“千呼万唤始出来”的感觉。

樱式茶道：东洋茶道

著名文学家老舍是一位地地道道的茶迷，他不仅喝茶品茶，还细心研究茶文化，深得饮茶真趣。他曾经说："喝茶本身是一门艺术。本来中国人是喝茶的祖先，可现在在喝茶艺术方面，日本人却走在我们前面了。"字里行间，我们不难看出老先生心中的无奈与遗憾。但是我们也必须承认，我们的隔海邻国，的确在品茶方面做得非常好，并且将茶文化发扬得淋漓尽致。我们只有正视现实，才能更好地反省自己，走出一条属于我们本国特色的茶道之路。

日本的"樱式茶道"

从唐代开始，中国的饮茶习俗就传入了日本。据历史记载，日本高僧最澄和尚曾经作为遣唐使来到中国。当时，唐朝的饮茶风气正盛，而寺院中也有不少得道高僧开始拿茶作为待客、自省的饮品。

估计是最澄和尚觉得这清雅淡香的饮品实在稀奇，还有各种各样的医用疗效，所以在讨要了茶叶之余，还带回了几棵茶树，并在日本开始了茶树的最初种植。后来，日本僧人荣西更是来到中国专门学习了茶叶的加工方法，并将很多优质茶种带回到日本传播开来。荣西后来还在公元1211年完成了日本的第一部饮茶专著，名字叫做《吃茶养生记》。

到了宋代，日本种植茶树、制作茶叶的行为就比较广泛了。而到了明代，更是形成了自己独具特色的日本茶道。因为日本的国花为樱花，所以又称为“樱式茶道”。

因为最初的传播者是僧侣的缘故吧，所以日本饮茶文化的推广方式是与我国截然不同的。中国的茶文化来自平民大众的日常习俗，然后逐渐为达官贵人们所肯定，并且开始追逐品质与形式的精美。而日本则恰恰相反，他们的饮茶文化走的是由上而下的路线。

茶刚刚传到日本的时候，就如同当时的中国瓷器一般，完全可以贴上奢侈品的标签。平民百姓自然是无福享受了，只有一些皇族、贵戚和少数的高级僧侣才有机会品尝。因此茶文化当时只被局限在上层社会，被当做一种高雅的文化，而内容和形式还没有什么本土的创新，只是极力模仿中国唐朝的形式。

但是自从荣西僧人的书出版以后，茶在日本人的心目中已经成为了灵丹妙药的化身，对茶叶向往的人也越来越多，这样就为茶的广泛种植打下了一个良好的社会基础，饮茶活动也开始逐渐普及到民间了。

日本的“陆羽”——千利休

千利休（1522—1592）是日本茶艺方面的集大成者。他还在年幼时就非常热衷学习茶道，先是拜北向道陈为师学习书院茶，后来又经师傅介绍向当时的茶道大师武野绍鸥学习草庵茶。

而长大之后，千利休更决心以茶道的发扬传播为自己的终身事业，并在1574年做了茶道侍从。

千利休凭着内心对茶的热爱，完全继承了两位师傅的衣钵，并且使草庵茶更加深化，使茶道摆脱了物质因素的束缚，还原到了淡泊寻常的本来面目上。

到他的人生后期，他提出了自己心目中日本茶道的基本精神，即和、敬、清、寂。千利休认为，人们不应该只把喝茶当成是一种休闲娱乐的方式，还应该将之视为一种学习进步的途径。他要求人们通过茶室中的饮茶进行自我思想反省，彼此思想沟通，于清寂之中发现自己内心的尘垢，去除彼此的芥蒂，从而达到和敬的目的。

如今，千利休所提出的这四点已经被人们称之为日本的“茶道四规”。人们也已经把这些当做日常生活当中处理人际关系的准则。而千利休对日本文化的影响也是无可比拟的。

千利休去世后，由他的子孙和弟子们分别继承了他的茶道，400年来形成了许多流派。其中最著名也最有成就的应该要属里千家流派了。他们曾多次带着日本茶道代表团来到中国访问。

日本茶道的形式主义

日本茶道非常讲究仪式，原称为“茶汤”。最初，日本茶道同其他东亚茶仪式大同小异，都是一种以品茶为主而发展出来的特殊文化。但是，日本茶道对其形式的严格与注重，是很多国家都无法相比的。

在13世纪日本茶道的萌芽时期，喝茶只是当时的僧侣们用来集中自己思想的一种工具。而现代的茶道，则是主人准备招待客人

的，但是过程不是自由自在、谈笑风生的，主人与客人都必须按照固定的规矩与步骤行事。

主人们一般都比较喜欢当着客人的面进行茶道表演。有书曾经专门描述过这样的场景：“追其本源，茶事之会，为一期一会，即使同主同客可反复多次举行茶事，也不能再现此时此刻之事。每次茶事之会，实为我一生一度之会。由此，主人要千方百计，尽深情实意，不能有半点疏忽。客人也须以此世不再相逢之情赴会，热心领受主人的每一个细小的匠心，以诚相交。此便是：一期一会。”

这种“一期一会”的观念，实质上也是佛教“无常”观的体现。佛教的无常观督促人们要重视人生当中的一分一秒，认真对待一时一事。当主客一同品茶时，心中都怀着这样的信念，体味到人生不过如同茶的泡沫一般，在时间的面前转瞬即逝。这种生命的充实感，是茶会之外的其他场合都无从寻找的体验。

茶道背后的精神映射

日本茶道一般都有十分繁琐的流程步骤，茶叶要碾得非常精细，茶具要擦得洁净照人，主人的煮茶动作不但要规范准确，还要有舞蹈的节奏感和飘逸感，就连喝茶的地方都非常有讲究。在日本，不是随便一个地方都可以同朋友品茶论道的，必须要在茶室中进行。

所以说，日本茶道，已经不单单是一种休闲，更是一种将日常生活与宗教哲学、伦理美学相结合的综合性文化艺术活动。它也不单单是物质享受，还蕴含着人们希望通过茶会和学习茶礼来达到陶冶性情的目的。为此，日本茶人桑田中亲这样总结：“茶道已从单纯的趣味、娱乐，前进为表现日本人日常生活文化的规范和理想。”

而千利休所提出的“和、敬、清、寂”则是茶道的根本。日本的茶室一直保持小巧紧凑的设计风格，茶室壁上挂着古朴的书画，室内有鲜花，环境高雅幽静。几张干净的“榻榻米”上除了放上茶道必需的几件茶具以外，不会放入任何一件多余的东西。这一切都为了凸显朴素、清寂之美。在整个茶会操作过程中，人们之间很少交流，只用眼睛和心去体会茶道的真正精神——清静典雅、朴素简洁、优雅无华。身处静谧的氛围，以人类特有的对美的敏感去寻找美，去寻找内心的平和。这和我们如今所倡导的和谐社会，是相统一的。

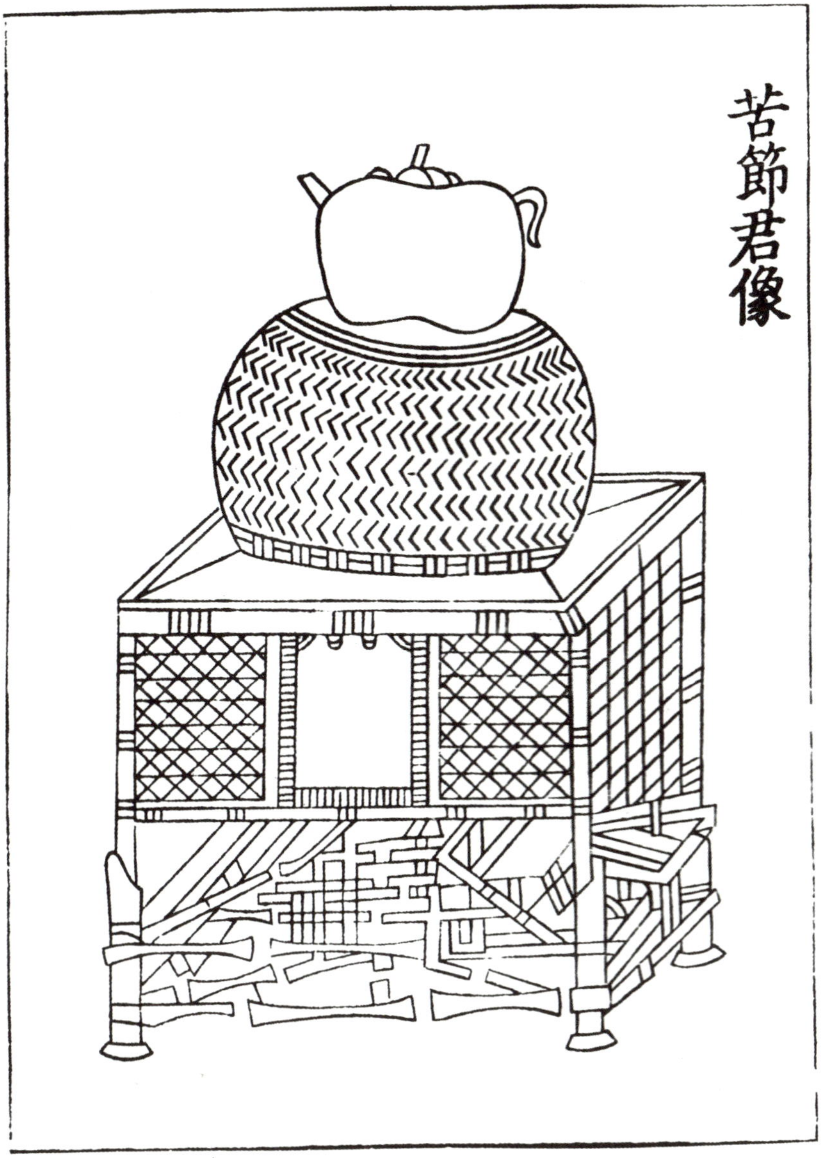

苦节君像

“苦节君”是明代茶炉的别称。相传为明人朱权所创，其外以藤包扎，而后盛颙改用竹包扎，称作“苦节君”，寓“逆境守节”之意，这也是儒家入世精神的一种体现。

英伦茶道：下午茶

“茶壶送进书房来时，房间里立即弥漫着沁人心脾的芳香。一杯茶喝下后，整个身心得到了极好的慰藉。绵绵细雨中散步归来，一杯热茶所提供的温馨美妙得难以形容。”

这是英国女作家简·奥斯丁在她的传世佳作《傲慢与偏见》中写到的生活片段。

书中的人物既有上层社会拥有庄园和马车的先生小姐，也有来自乡村的无拘无束的男孩女孩，但是他们都有一个共同的爱好，就是在午后喝下午茶。

英国与中国同为饮茶大国，但是茶文化却各有特色，或多或少体现了东西方不同的饮茶风格。

虽然英国人自己不曾种植茶叶，但是英国人却完美地运用这一中国舶来品，打造出了自己独特的品饮方式。今天，内涵丰富、形式优雅的“英式下午茶”已经享誉天下，让世界各地的人都心驰神往。

尊贵的享受

英国的茶文化，从一开始就和皇室挂上了钩。1662年，葡萄牙公主凯瑟琳嫁给了英王查理二世。还在娘家的时候，凯瑟琳就已经迷上了喝茶。因此，她的陪嫁中就有221磅红茶以及精美的中国茶具。后来，凯瑟琳高雅的饮茶习惯为当时的贵族们争相效仿，凯瑟琳也因此被人们称为“饮茶皇后”。

为此，还有一位英国诗人作了一首题为《饮茶皇后》的诗，诗中写道：

花神宠秋色，嫦娥衿月桂。
月桂与秋色，美难与茶比。
一为后中英，一为群芳最。
物阜称东土，携来感勇士。
助我清明思，湛然去烦累。
欣蓬事诞晨，祝寿介以此。

因为茶很贵重，所以茶叶在当时经常被当做一种身份的象征。人们一般都是将茶叶密封在上锁的盒子里，只有在尊贵的宾客到来的时候，女主人才会大方地拿出来供大家享用。而即便是客人们喝剩下的茶渣，最后的去处也不是门外的垃圾箱，而是被女仆们偷偷地拿到街市上去卖掉，能赚一笔不小的外快。

就这样，一直到1826年，英国人在自己的殖民地——印度北部山区偶然发现了一些野茶树，它们长在连绵无尽的田野山坡上。从此，茶树的种植得到了快速的发展，而茶叶则变得比酒馆里的啤酒还要便宜。自此，从英格兰的多佛，一直到苏格兰的阿伯丁，几乎整个英国都弥漫着茶的清香。

无时不在的TeaTime

有一首英国民谣是这样唱的："当时钟敲响四下时，世上的一切瞬间为茶而停。"英式下午茶，如今已经成为了英式典雅方式的象征，到了下午四点，即使你有天大的事情，也得恭候着英国人先把茶喝完了再说。

但是英国人的Tea Time实在是太多了，甚至有的人就曾经为此戏言，说英国人三分之一的人生都花费在了饮茶上。

清早刚一睁眼，先不着急起床，倚坐在床头，先来一杯"床前茶"；要吃早餐了，要牛奶，还是果汁？统统不要，就来一杯"早餐茶"；到了工作单位，上午安排的工作忙得让人脚不离地，可还得腾出二十分钟的时间来喝一杯"工休茶"；下午下班之前，可是英国人喝茶的法定时间，绝不能错过；回到家中，晚餐还没开始之前，再来一次傍晚茶吧，比起甜点，这时候的黄金搭配——肉食冷盘真是美味极了；最要命的是，即便到了深夜，临睡之前，还有一杯"告别茶"在等着……

这真是以茶开始，又以茶结束的一天啊！这样看来，说到英国人爱茶，那可真不是吹的啊！听着的人或许都觉得，这24小时，茶杯端得都有点儿晕了，但是人家英国人可是每天都这样一丝不苟地重复，茶来茶去，乐此不疲！

除此之外，还有一些名目繁多的茶宴——Tea Party，花园茶会——Teain Garden，以及周末郊游的野餐茶会——Picnic Tea等，真是花样百出，让人眼花缭乱，应接不暇。

不可或缺的美味点心

英国茶点最常见的有苏格兰奶油饼干、维多利亚松糕、松饼。著名的英国西南部的奶茶还包括特殊的烤饼，以及当地独有的奶油外加果酱。

传统的英式下午茶，会在三层盘子上放满精美的佐茶点心。最下层，是佐以熏鲑鱼、火腿、小黄瓜的美滋滋的条形三明治；第二层则放英式圆形松饼，搭配果酱或奶油；最上层放置令人胃口大开的时节性的水果塔。通常顺序按照口味区分：由淡而重，由咸而甜。取用时从底层逐渐往上取用，先吃最底层容易饱腹的三明治和松饼，然后是第二层的蛋糕等甜点，最后才是第三层的水果、饼干等小点。

下午茶讲究的是轻松的家庭风格，所以大家用手而不是用刀叉取点心，至今也是如此。在英国，一般的家庭妇女都非常擅长家政，自己制作各种各样的美味糕点，带上自己几种拿手点心去邻居家喝茶聊天，则是英国妇女们比较常见的休闲方式。

美味的点心，当然还要搭配漂亮的餐具。蓝白青花瓷之类简洁的色彩，是标准的英式风格；外表一般描绘英国植物及花卉图案的骨瓷，是典型的维多利亚风格，英国人热爱园艺的习惯完全反映到茶具上。瓷器配上纯银的茶壶、茶匙以及好看的蕾丝桌布，绝对浪漫优雅得让人心动。

伦敦——茶城之都

英国的首都伦敦，除了因为常年的迷雾天气被人们称作“雾都”，还因为其别具风味的各种酒店下午茶，被称作“茶城之都”。在伦敦，几乎所有的大酒店都有专门预留的茶座。

传统的贵族下午茶，以里兹饭店的棕榈阁最负盛名。被视为“最美王妃”的黛安娜王妃在生前，就时常光顾此处，这也为该饭店添加了几分传奇色彩，让很多喜爱戴安娜王妃的民众们经常来此探寻王妃的影子。但是在这里喝下午茶，男士必须打领带才能入内，而且一定得事先预订座位，最忙时甚至需要提前两个星期才能觅得一席。由此可知英国民众对下午茶的热爱了。

在英国茶协会的评选中，克拉里奇酒店提供的英式下午茶，被评为英国最佳的英式下午茶。这项评比总共有17个评比项目，评审作为秘密顾客，亲自体验各个酒店不同的英式下午茶的风味。而脱颖而出的克拉里奇酒店，提供英式下午茶的历史已经有100多年了，其酒店的工作人员以“绝佳地掌握有关茶的知识，周到的服务”深得评审们的青睐。除此之外，萨伏伊饭店和布朗饭店的下午茶也很出名，除了洽谈公事的本地人，还有很多观光客来此一睹地道的英式下午茶的风采。

英式茶，怎么喝？

传统的茶室礼仪，讲究交谈声音要小，瓷器轻拿轻放；女士举止从容，有人从面前经过时要礼貌地轻轻挪动身姿，报以微笑。松饼的吃法，是先以刀切开，但是不能切到底，然后用手撕，先涂果酱，再涂奶油。吃完一口，再涂一口。杯中茶喝完后，将茶匙放到茶杯中，表示到此为止，否则主人会不断续茶。

茶艺四要：茶、水、火、器

在茶道当中，茶艺则是一个不可跳过的重要组成部分。而评定茶艺高低，在行家眼中也是有一定的标准。俗话说，巧妇难为无米之炊，一个茶艺精湛的师傅，在表演的时候，也是少不了四件宝贝的，那就是：精茶、真水、活火、妙器。

其中，茶品以形、色、香、味来一分高下；而水呢，则以清、活、轻、甘、冽来区别优劣；火以活火为上，而器则以紫陶为佳。

火眼金睛识名茶

很多茶人都会说，这茶艺的第一真功夫便是识茶。谁能够准确地品评出茶叶的品质，说出其产地，才能够在接下来的步骤中，将茶叶冲泡得淋漓尽致。而茶艺师评定茶叶品质的优次，则是取决于茶的形、色、香、味。

视觉盛宴——茶之形

形，当然就是指茶叶的外表形状，是给人的直观感受。茶叶的形状有很多种，大体长条形、花叶形、颗粒形、圆珠形、砖形、饼形或者粉末形。但凡名茶，茶叶形状大都堪比艺术品，在客人还未饮用时，就已经获得了视觉上的享受。

正如非常著名的龙井“雨前茶”，在古代一直就是皇上钦定的贡茶。它的叶芽上有一种小叶，仿佛彩旗一般，而茶芽长长的，合起来就像是一杆旗枪。

由于它的形状怪异，很多诗人专门为此写过诗句。比如，清代诗人袁枚曾在他的《谢南浦太守赠芙蓉汗衫雨前茶叶》一诗中写道：“四银瓶锁碧玉英，谷雨旗枪最有名。嫩绿忍将茗碗试，清香先向齿牙生。”而清代诗人宫鸿历《新茶行》中也提到：“进茶例限四月一，三月寒犹刺人骨。旗枪未向雪中生，檄符已自州城出。”

秀色可餐——茶之美

色，则是指干茶的色泽、泡茶的汤色和茶叶底的色泽。因为制法不同，茶叶可以大体被分为红、绿、黄、白、黑、青等不同色泽的六大茶类。而茶叶底的色度则可被分为翠绿色、灰绿色、深绿色、墨绿色、黄绿色、黑褐色、银灰色、铁青色、青褐色、褐红色、棕红色等，汤色色度分为红色、橙色、黄色、黄绿色、绿色等。

如备受英国人青睐的祁门红茶，茶叶呈红色，汤色红艳明亮。由于口味问题，大多数的英国人还喜欢在茶中添加牛奶，这时的茶汤又几乎呈粉红色。

有经验的茶人不仅能够靠眼睛辨色，更能由颜色判断出茶叶的新鲜程度如何。陈年茶叶底色发旧，就如同七旬老妪饮酒之后，即便是面若桃花，也终究比不得少女的红晕自然天成，给人以生命的美感。

古代文人喜好借诗怡情，所以就有不少的茶诗，专门以“色”咏茶。比如唐代诗人齐己在《谢中上人寄茶》中写道：“绿嫩难盈笼，清和易晚天”；而同代诗人陆希声则在《茗坡》中写道：“人座半瓯轻泛绿，开缄数片浅含黄”。

沁人心脾——茶之香

谈到茶香，这里既指茶叶经过开水冲泡之后散发出来的沁人香气，也包括还是干茶时候的香气。根据香气类型，茶叶可以分为毫香型、嫩香型、花香型、果香型、清香型、甜香型等。

武夷岩茶，在茶品中，是可以与西湖龙井相提并论的名茶，大多生长在多云雾的峰岩间，所受日照不烈，气候温和且多雨，而这样的气候特征，是十分有益于茶香有效物质的生成。因此，古人评价武夷岩茶“臻山川精英秀气所钟，品具岩骨花香之胜”。

而对于一些成品茶叶，更是以其独特的香型而命名的，比较出名的有“白瑞香”、“石乳香”等。

在感受沁人心脾的茶香之时，那些多愁善感的诗人们也都没有闲着。陆游就在自己的茶诗《北岩采新茶欣然忘病之未去也》中描写道：“细啜襟灵爽，微吟齿颊香。归时更清绝，竹影踏斜阳。”

中医讲究说，芳香开窍，对人的身体有益处。因此茶人们便对茶香情有独钟，到后来研制出了花茶，更是所有后人的福气。清代顺康年间，金陵有个徽州人，第一次创新似的在茶叶中加入了兰花，再进行烘焙，从而为后人开启花茶之先河。而因为此人姓闵，所以这种被命名为兰花方片的茶，又被人叫做“闵茶”。

花茶不仅味道令人心旷神怡，还对人的皮肤和身体都十分有益。清朝的慈禧太后，格外喜爱饮用花茶。清朝诗人胡会恩还专门作诗咏赞茉莉花茶：酒杂槟榔醉，茶匀茉莉香。

齿颊留香——茶之味

鉴定完茶的品质，闻过茶的清香，重头戏当然还是品茶的味道。据科学家实验显示，茶叶的味道与其所含的物质有关。不同的茶类品种，里边所含有的多酚类化合物是不一样的，因此有的偏酸，有的偏苦，而有的则还略微发甜。

按照茶叶的不同味型，茶叶大概可以分为浓厚、浓鲜、醇和、醇厚、平和、鲜甜、苦、涩、粗老味等。但是大多数的味型还是大同小异，想要细细区分其实很讲技术，颇有难度，全靠舌头的精细感觉。

但是通过唐代诗人齐己的茶诗《尝茶》中所述：“味击睡魔乱，香搜睡思轻”，我们就可以知道，对于品茶者来说，茶叶的“味”与“香”，是同等重要的。

为有茶香活水来

明朝茶人张源在《茶录》中说："茶者，水之神；水者，茶之体。非真水莫显其神，非精茶易窥其体。"这其中可谓是讲透了茶与水的关系。

茶是水之灵魂，无茶便无茶事；水是茶的载体，没水烹不成茶。而同期的茶人张大复也在《梅花草堂笔谈》中谈到："茶性必发于水，八分之茶，遇十分之水，茶亦十分矣；八分之水，试十分之茶，茶只八分耳。"他认为择水重于择茶，二等茶用上等水可烹出上等茶，而上等茶用二等水就只能烹出二等茶。

茶有九难之一——茶水

饮茶需择水，早在唐代，茶圣陆羽就将茶水列为"九难"之一。他在《六羡歌》中说："不羡黄金罍，不羡白玉杯；不羡朝入省，不羡暮入台；千羡万羡西江水，曾向竟陵城下来。"黄金、白玉的酒器，高官厚禄，皆不动心，而家乡竟陵（今湖北天门县）的西江水使陆羽羡慕不已，只因竟陵西江水最宜于烹茶。

那么到底用什么样的水泡茶，才能闻其香，嗅其味呢？陆羽在《茶经·五之煮》中写道："其水，用山水上，江水中，井水下。其山水，拣乳泉、石池漫流者上；其瀑涌湍漱，勿食之，久食令人有颈疾。又水流于山谷者，澄浸不泄，自火灭至霜郊以前，或潜龙畜毒于其间，饮者可决之，以流其恶，使新泉涓涓流，酌之。其江水，取去人远者。井，取汲多者。"

陆羽鉴水

茶圣陆羽不仅在茶的历史、生产和鉴赏上有独特的功夫，而且，对于烹茶用水也十分讲究，对水的品鉴十分精到。唐代张又新的《煎茶水记》中就记述了陆羽鉴水的一段故事。

唐代宗时期，陆羽好友湖州刺史李季卿与陆羽碰巧在扬州相遇。李季卿非常高兴，就下令让手下人去扬子江边去取南零水。二人在船上将各种品茶器具一一摆放整齐，正好军士也将水送到了。

而陆羽端起水瓶，笑问军士说："这大概是临江之水吧。"军士辩解说："我们乘舟深入南零，有很多人作证的，哪敢有半句假话。"陆羽听了并不言语，只是笑着将水瓶中的水倒掉一半，然后说道："这才是南零水。"

只见取水的军士扑通跪倒在地，认罪说："我本来从南零取水回来，哪知在船上太过不稳，把水竟然晃没了半瓶，害怕怪罪，这才又在江边加满的。"

而在场者听了，无不惊讶，佩服茶圣陆羽如此高超的鉴水之术，纷纷讨教。

乾隆钦定：天下第一泉

中国地大物博，至于到底何处的水最适宜泡茶饮用，自古就有很多文人茶客争论不休。

清朝的乾隆皇帝，不但是一位长寿皇帝，还是一位茶的爱好者。精于茶道的乾隆皇帝对茶水何处更佳的问题，也是着实很感兴趣。经过调查，他撰写了一篇《玉泉山天下第一泉记》。书中说：尝制银斗较之：京师玉泉之水，斗重一两；塞上伊逊之水，亦斗重一两；济南之珍珠泉，斗重一两二厘；扬子江金山泉，斗重一两三厘；则较之玉泉重二厘、三厘矣。至惠山、虎跑，则各重玉泉四厘；平山重六厘；清凉山、白沙、虎丘及西山碧云寺，各重玉泉一分：然则更无轻于玉泉者乎？曰有，乃雪水出。尝收集素而烹之，较玉泉斗轻三厘。雪水不可恒得，则凡出于山下而有冽者，诚无过京师之玉泉，故定为“天下第一泉”。

就这样，一个看似无从下手的问题，就由乾隆皇帝以相当科学的办法给解决了。的确啊，比重轻的一般是宜茶的软水，用这样的水来泡茶，当然是人生的一件乐事了。

总之，“水”与“茶”是茶道最重要的两件事，二者相辅相成，缺一不可。

千锤百炼浑不怕

《茶经·五之煮》写道：凡炙茶，慎勿于风烬间炙。熛焰如钻，使炎凉不均。持以逼火，屡其翻正。候炮出培塿，状蛤蟆背，然后去火五寸。卷而舒，则本其始，又炙之。若火干者，以气熟止；日干者，以柔止。

在茶的九难之中，火为第四。这也在另一个角度验证了那句俗语:“三分技术七分火。”

在唐代，民间流行饮用一种饼茶，它属于不发酵的蒸压茶类。当时的主要制茶方法就是——炙茶，也就是烤制饼茶。而对于饼茶来说，能否烤制成功，全在于茶艺师傅对火功的掌握。古人说:“物无不堪者，唯在火候，善均五味。”而火候又包括火力、火度、火势、火时。火力包括急火（武火）、旺火、慢火（文火）。

如今之云南“烤茶”，似是古代烤茶的遗风。其法是先将砂罐烘热，再放入茶叶用文火烤，不能立刻焦黄，但要烤透，烤到茶叶焦香扑鼻再取出烹茶。若用开水直接冲泡烤茶，便会发出“嗞嗞”响声，又名“响雷茶”。

看火先看汤

那么煮茶的时候，又应该怎样来看火候呢？光看火焰燃烧的情况，其实并无多大意义，重点是“看汤”，即观察煮水全过程。

对此，明代的张源在《茶录》中讲得全面，原文是：“汤有三大辨、十五小辨。一曰形辨，二曰声辨，三曰气辨。形为内辨，声为外辨，气为捷辨。如虾眼、蟹眼、鱼眼、连珠，皆为萌汤；直至涌沸如腾波鼓浪，水气全消，方是纯熟。如初声、转声、振声、骤声，皆为萌汤，直至无声，方是纯熟。如气浮一缕、二缕、三四缕，及缕乱不分，氤氲难绕，皆为萌汤；直至气直冲贯，方是纯熟。”

古时候没有温度计，古人只好靠眼、耳判断水是否沸腾。皮日休是唐代诗人，他的《煮茶》就写了“三辨”，诗曰：香泉一合乳，煎作连珠沸。时看蟹目溅，乍见鱼鳞起。声疑松带雨，饽恐生烟翠。

清代名士李南金也写有一首咏煮茶火候的诗，诗曰：砌虫唧唧万蝉催，忽有千车捆载来，听得松风并涧水，急呼缥色绿瓷杯。李南金和皮日休的观点相同：水临近沸点，火候恰到好处。

武火煮茶

明人许次忬在《茶疏》中主张要武火煮茶，就是在炭已经烧红的情况下，先停顿几分钟，等待异味余烟统统都消散殆尽，趁火力正猛时煮水烹茶，这样煮出来的茶必然是上等汤品。

他主张武火乃至急火煮水，猛水还以扇助之，愈速愈妙。这样煮出的水不会“鲜嫩风逸”，不会“老熟昏钝”。

不一般的柴

一般说来，煮茶多用武火与文火，没炒菜那么复杂，但在燃料的选择上要求就比较特殊。《茶经·五之煮》云：其火，用炭，次用劲薪。其炭，曾经燔炙，为膻腻所及，及膏木、败器，不用之。古人有劳薪之味，信哉！

茶圣陆羽认为煮茶最好用木炭，其次是硬柴，如桑、槐、桐、栎一类。沾染了油腥气味的曾烧过的炭，以及含油脂的木柴，如柏、桂、桧一类，还有腐朽的木器都不能用来煮茶，否则会有“劳薪之味”。

“劳薪之味”典出《晋书·荀勖传》，说的是晋代荀勖与皇帝一块吃饭，荀勖说这饭是用“劳薪”烧的，皇帝惊奇，问厨子，果然是用陈旧的车脚做燃料烧的饭。

明代以后，煮茶发展到以开水冲泡，“火候”和“燃料”的说法自然也由繁到简。水开即冲茶，无须“三大辨、十五小辨”。燃料业已多样化，煤、煤气、液化气、电等，城市里以木炭煮水并非易事，单单燃料就难以买到。但“活火”一说，即燃料异味会损坏茶品，对现代茶人仍有指导作用。

工欲善其事，必先利其器

茶道是民族文化艺术的一朵奇葩，而茶器的妙趣更为其增添了几许魅力。

茶在最开始的社会功能是药用，初期还有食用一说，所以在唐代以前，中国的茶具一般都是与食器混杂在一起的。而作为品茗专用的茶具能第一次在历史舞台上的出现，陆羽仍然是功不可没。

等到了宋朝，人们本应更加注重器具的美感，但是因为当时人们热衷于斗茶的游戏，多少就忽略了对茶具精妙的研制。而到了明清时期，茶具才日趋完善，尤其是在江苏宜兴制造出的紫砂壶，更是因其艺术与文化的完美结合，被品茶爱好者誉为神品。

总的来说，茶具的发展历史，是与中国茶文化同步，与茶道精神同伐。它在漫漫的历史长河中，经历了由繁趋简、由粗趋精的一个过程。

陆羽的24种茶具

陆羽在自己的著作《茶经》中，不但为茶盲们普及了有关茶的基本知识，还自己设计制作了24种茶具。这套茶具以其实用价值而备受茶人欢迎。

从陆羽对茶具的设计，我们可以明显地看出当时他想要推行茶道的良苦用心。因为茶具的设计，不但极具实用价值，而且有很高的观赏价值。它们的式样古朴典雅，富有情趣，给人以美的愉悦。更重要和难得的是，其中还隐藏着中国先秦文化的内涵，也不失当时唐代的遗风。

我们就拿风炉来说，它的式样古雅，设计巧妙，完全反映出了唐代的工艺水平，而炉体铸的字又同时传递了古代文化的信息。炉脚上铸有“坎上巽下离于中”、“体均五行去百疾”和“圣唐灭胡明年铸”21个古文字。在支架的三个“格”上分别铸上“巽”、“离”、“坎”卦的符号及其相对应的象征物风兽“彪”、火禽

“翟”、水虫“鱼”。炉壁三个小洞口上方分别铸刻“伊公”、“羹陆”和“氏茶”，连读做“伊公羹”、“陆氏茶”。

斗茶器具

在宋朝，人们不再单纯将喝茶看做茶事的主要内容。斗茶这种游戏的流行，在某种程度上的确是扩大了茶的影响力，但是也在同时减弱茶文化的发展与升华。

为了适应人们斗茶的规则，人们将煎水的工具进行了改进。而饮茶用具也将碗改为了略显文化的杯盏。

宋代茶盏多为黑色，以通体涂抹上了黑釉的“建盏”为上品。茶汤泛白沫，有黑色衬托着，更加利于人们看水痕，得以区分茶质的优劣。诗人黄庭坚的《满庭芳》写道：“碾深罗细，琼蕊暖生烟，一种风流气味，如甘露，不染尘凡。纤纤捧，冰瓷莹玉，金缕鹧鸪斑”，以及周紫芝的《摊破浣溪沙·茶词》“醉捧纤纤双玉笋，鹧鸪斑”，都反映出了当时文人们对茶具的偏好。

宋代茶具以“斗茶”为中心，也从另一个方面反映出了市井文化的繁荣，因其繁荣而文恬武嬉，世风日靡，达官贵人和文人雅士以“斗茶”为乐，茶道不再有严肃之主题。

明朝景德镇独占鳌头

明清时期，我国茶具发展登峰造极。洪武二年（1369），朱元璋在江西景德镇设立工场，专制皇室茶具。清乾隆时景德镇瓷工技巧已达高峰。景德镇瓷茶杯造型小巧，胎质细腻，色泽鲜艳，画意生动，驰名于世。《帝京景物略》有“成杯一双，值十万钱”之说。

瓷茶具洁白光亮，可使叶片舒展，色泽悦目，其味甘醇，不失茶之真味，又助品饮雅兴。此后阳羡（宜兴）茗壶异军突起，尤其是以五色土烧成的紫砂壶与景德镇瓷器争名于天下，并有“景瓷宜陶”之说。明人周高起于崇祯十三年（1640）在《阳羡茗壶系》中说：“近百年中，壶黜于银锡及闽、豫瓷而尚宜兴陶。又近人远过前人处也。”

紫砂茶具工艺独特，是品茗妙器，艺术珍品。古人云，“茗注莫妙于砂，壶之精者又莫过于阳羡”，“壶必言宜兴陶，较茶必用宜壶也”。欧阳修曾写诗赞颂，“喜其紫瓯吟且酌，羡君潇洒有余清”。紫砂壶造型典雅古朴，泡茶汤色澄清，香味清醇，汤味醇正，隔夜不馊，享有“世界茶具之首”的美誉。

于是，茶从娱乐文化中解脱出来，重新成为灵魂之饮。茶具不再崇金贵银，以陶质瓷质为尚。为适应由饮末茶到散茶的变化，茶盏尚白。明人屠隆《考槃余事》说：“宣庙时有茶盏，料精式雅，质厚难冷，莹白如玉，可试茶色，最为要用。”许次纾在《茶疏》中说：“其在今日，纯白为佳。”

明·文徵明《品茶图》局部

茶境四谛：清、静、和、美

所谓茶道，简而言之即品茗的方法与意境。也就是说，通过饮茶，人能够得到一种精神层面的享受和愉悦，从而完成个性品德修养。饮茶，更是饮心情，所谓茶境四谛——清、静、和、美就是这个道理。

质本洁来还洁去

中国文化博大精深，每个方方正正的字，都孕育了悲欢离合、人生百态，而一个简简单单的清字，在这里则有很多解释。

这里的“清”，不但是指喝茶环境清净，还指茶叶本身的洁净，以及品茶者心情的洁净。

月只一轮，映像各异。有的“浮光跃金”，有的“静影沉璧”；有的“江清月近人”，有的“水浅鱼读月”，有的“月穿江底水无痕”，有的“江云有影月含羞”，有的“冷月无声蛙自语”，有的“清江明月露禅心”，有的“疏枝横斜水清浅，暗香浮动月黄昏”，有的“雨暗苍江晚来晴，白云明月露全真”。

茶道如月，人心如江，由于个人的经历和所处的环境不同，从而心中对茶道的感悟不同，但有一点值得肯定，那就是返璞归真，和诚处世，敬爱为人，珍爱人生。

此时无声胜有声

静，是说喝茶的环境是静谧平和的。

早在僧侣们喝茶之时，他们就是为了每日必修的功课——自省其身。安静地打坐，闻着淡雅茶香，品味苦涩茶味，仔细体会人生真谛，生活本色。如果不是在安静的地方，如何能够静下心来思考呢?

古人喝茶，或为了与朋友把盏言欢，或是为了切磋诗技，这样的心情自然需要一个安静不被打扰的地方。

现代人喝茶，多是为了联络感情，休闲放松，当然也讲究空间的私密性。

因此，在喝茶的时候，也应该闭目凝神，细细品味。因为茶香和茶味的一切，都尽在不言中。

和谐美满茶中来

和其他国家的茶道精神相似的是，我们中国人也讲究“和”字的茶道精神。而茶学专家陈香白教授，更是认为中国茶道精神的核心在于一个“和”字。

和，意味着天、地、人的和谐。在它的背后，隐藏着宇宙自然万物的有机统一，昭示着人们所向往的天人合一的和谐之美。

“和”的内涵非常丰富，作为中国文化意识集中体现的

“和”，主要包括：和敬、和清、和寂、和廉、和静、和俭、和美、和爱、和气、中和、和谐、宽和、和顺、和勉、和合（和睦同心、调和、顺利）、和光（才华内蕴、不露锋芒），和衷（恭敬、和善）、和平、和易、和乐（和睦安乐、协和乐音）、和缓、和谨、和煦、和霁、和售（公开买卖）、和羹（水火相反而成羹，可否相成而为和）、和戎（古代谓汉族与少数民族结盟友好）、交和（两军相对）、和胜（病愈）、和成（饮食适中）等意义。

中国文字博大精深，只是单单一个“和”字，就囊括了所有的人生意义，而且涉及天时、地利、人和诸层面。这让人没有理由不相信，在所有汉字中，再也找不到一个比“和”更能突出“中国茶道”内核、涵盖中国茶文化精神的字眼了。

茶美景美心情美

无论是中国的传统茶道，还是日本的樱花茶道，亦或是西方国家的下午茶文化，茶的爱好者们都绝不单单满足口感上的享受与需求。

除去对茶叶品质的“斤斤计较”，各国的茶艺师们对品茶周围的环境，以及器具的装饰功能都有着越来越高的要求。

喝茶的屋子，一般都是古色古香的，因此，名人字画、典雅花摆都是必不可少的装饰之物。

而藤桌竹椅以及身着旗袍等中国古典服饰的茶艺小姐们，都能够让人的心情，一下子从浮躁的钢铁水泥中平缓下来。

台湾的国学大师林荆南教授曾经这样解释自己心目中的

“美”：“美是茶的事物，律是茶的秩序。事由人为，治茶事，必先洁其身，而正其心，必敬必诚，才能建茶功立茶德。洁身的要求及于衣履，正心的要求见诸仪容气度。所谓物，是茶之所属，诸如品茶的环境和器具，都必须美观，而且要调和。从洁身、正心，至于环境、器具，务必须知品茗有层次，从层次而见其升华，否则茶功败矣，遑信茶德。”

茶香入食：茶膳传统

把茶做成佳肴美食入馔，这可不是人们一时的心血来潮。其实自古以来中国就有“茶食”的说法。在上古时代，茶最初就是作为药用登上历史舞台，而药物又是与食物不可分割的。《吕氏春秋》中的《内经·素问·脏器法时论》这样说：“五谷为养，五果为助，五畜为益，五菜为充，气味合而服之，以补益气”，这就说明了药食同源的道理。

而在我国民间也素有“药补不如食补”之说。所以说，用茶掺食作为菜肴、食品和膳食，这是自古以来就有的。而将茶和中国菜肴优雅、和谐地搭配在一起，这就是独具特色的茶料理。

唐代的《茶赋》曾这样描述茶的奇效，说茶可以“滋饭蔬之精素，攻肉食之膻腻”。可见，古人早就开始用茶水拌饭了。据史料记载，清朝才子纪晓岚，生活清淡简朴，更是每天将茶当做蔬菜食用。

一件东西只要有市场，就会引人关注。身为饮食行业的先驱，各大派系的厨师们没有忽略茶这个清香解腻的好材料。

相传，清末安徽的厨师在抄河虾仁的时候，就已经用到了“雀舌”、“鹰爪”等茶叶。而美食家高阳在《古今食事》里也曾提及："翁同创制了一道龙井虾仁，即西湖龙井茶叶炒虾仁，真堪与蓬房鱼匹配。"由此，清朝时期，龙井已经入了菜。

龙井虾仁

用料：新鲜活河虾1000克（大小均匀），龙井新茶（特级）1克或鲜茶叶（一芽二叶）约5克，鸡蛋1个，味精2.5克，绍酒15克，精盐3克，湿淀粉40克，熟猪油1000克。

制法：将虾去壳挤出虾肉，然后把虾肉盛入小竹箩，用清水反复洗至虾仁雪白，盛入碗内，放入精盐和鸡蛋清，用筷子轻轻搅拌至有粘性时加入湿淀粉，加味精，拌匀，静置1个小时，使调料渗入虾仁，待用。将龙井茶用50毫升沸水冲泡，1分钟后，弃茶汤30毫升，茶叶及剩汁待用。将炒锅置中火上烧热，滑锅后下猪油，至四成熟时，倒入虾仁，迅速用筷子划散，待虾仁呈玉白色，倒入漏勺沥去猪油，暗葱炝锅（即用葱炒油锅，用时去葱，留其葱香而不见葱），再将虾仁倒入油锅，迅速把茶叶及汁一同倒入，烹入绍酒，抖动几下，出锅装盘，即成一盘虾仁玉白鲜嫩、茶叶碧绿清香、色泽雅丽、风味独特的龙井虾仁。

龙井虾仁是受苏东坡"休对故人思故国，且将新火试新茶，诗酒趁年华"的启发，利用龙井茶"色绿、香郁、味甘、形美"的四绝，与入时鲜活河虾仁相配，创制的杭州名菜。

茶叶入肴添异香

因为茶叶既可以用来饮用，也能够调和滋味，为菜肴增加色彩，同时还具有一定的药理成分。所以茶叶用作菜肴的制作，既可增进食欲、解除饥饿，又能防治某些疾病、增强人体健康。

茶叶入肴的方式一般有四种：将新鲜茶叶与蔬菜一起烤制或炒制，是为茶菜；在茶汤里加入菜肴一起炖或焖，是为茶汤；将茶叶磨成粉撒入菜肴之中或制成点心，是为茶粉；用茶叶的香气熏制食品，是为茶熏。

茶肴的特点在于利用茶叶特有的清香调味除腻，还可以通过茶中丰富的营养物质，增强菜肴的营养价值和药用功能。

八方美食茶叶来

中国有句老话：民以食为天。有人就曾笑着总结道，在中国，几乎任何事情都能够跟吃扯上关系。

比如，上班工作叫“混口饭吃”，在单位干得出色又叫“吃得开”，失业之后叫“丢了饭碗”，碰见倒霉事儿了叫“吃苦头”，赶上好运头了又叫“吃香喝辣”，而即便是得罪人了，也常常被说一句“吃不了兜着走”。

而仅仅享受茶叶的饮品，人们显然不能满足，早已咕咕作响的肚子催着人们悉心研制各种茶肴，菜肴则成为了爱茶者的新任务。

茶叶冰淇淋　在过滤后的茶汁中加入鸡蛋、奶粉、稳定剂和砂糖，经巴氏灭菌、冷却、老化，再经凝冻成型，硬化而成茶叶冰淇淋，不仅可消暑解渴，而且色泽翠绿，味觉清鲜，具有丰富的营养和保健功能。

茶叶酸奶　在酸奶的制作中，加适量茶汁制成的酸奶色泽乳白嫩绿，口感细腻。

茶叶糖果　将茶叶糖果、果冻茶汁、奶和奶糖混合，可加工成为各种风味茶奶糖；而将茶汁、奶混合，加入蔗糖和果味糖，可制成果仁酱；茶汁加入奶粉、薄荷等可制成口香糖。如将水果汁加入茶汁、芳香物质等制成果冻，同样具有茶糖的功能，并且润滑爽口。

茶叶面条　取上等茶叶100克，加沸水500~600毫升泡成浓茶水，以此茶汁和面擀成的面条，下锅不糊，而且极度清鲜爽口，若制作凉面，味道更佳。

茶叶馒头　取新茶100克，加沸水500克，泡制成浓茶汁放凉至20~30摄氏度，加酵母发面，蒸制馒头，色如秋子梨，味道清香。

茶叶啤酒　饮啤酒时，往酒中兑入接近1/3的冷茶水，味醇至极，微苦中蕴含舒爽。

茶叶鸡蛋　茶鸡蛋，是我们日常生活中最为普遍的茶叶吃法。美味可口，做法也非常简单：将茶叶80克，加适量水，煮鸡蛋0.5千克，鸡蛋煮至七八成熟时取出，磕破壳，再投入原汁中浸泡2～3小时，可使鸡蛋清香爽口。

茶叶鸡汤　做鸡汤时，放入一小撮茶叶（用纱布缝包）或者待鸡汤做好后兑入大半杯极度浓茶汁，鸡汤会更清香扑鼻。

茶叶米饭　将茶叶0.5~0.7克，用500~1000毫升开水浸泡4~9分钟后，用干净纱布过滤，过滤后的茶汤则用来淘米用。用这样的水淘米，即使是陈年旧米，也能煮出香而不腻的白米饭。常吃茶水煮饭，还可以防治心血管、中风、龋齿等疾病。

美味药用两不误

药茶是传统医学宝库一个重要组成部分，其历史非常悠久，历代医书中均有记载，最早记载药茶方剂的是三国时期张揖所著的《广雅》：“荆巴间采茶作饼成米膏出之。若饮，先炙令赤……其饮醒酒。”此方具有配伍、服法与功效，当属于药茶方剂无疑。

孙中山先生是医生，他知茶爱茶，他认为“茶是最合卫生最优美之人类饮料”。他说：“中国常人所饮者为清茶，所食者为淡饭，而加以菜蔬豆腐，此等之食料，为今日卫生家所考得为最有养生者也，故中国穷乡僻壤，饮食不及酒肉者，常多上寿。”

药茶由汉代开始发展至今，至少已经有2000年的历史了。经过历代医药学家和养生家的应用、发挥和完善，药茶已经成为我国人民防病治病与养生保健的一大特色。那么相对于传统意义上的中西药，药茶究竟有哪些好处呢?

更加注重保健

俗话说，“治病不如防病”。而茶中的很多成分，都被证明有相当不错效果的保健治疗作用。每天一杯茶，就能够提高自己的身体素质，对于生活工作节奏快的现代人来说，就是为自己变相赢得了时间。

钱惠安《百岁老人试新茶》

此图长95.5厘米，宽41.0厘米，由钱惠安（1833—1911）所绘，作于1877年。

此图绘一老者端坐榻前，仕女、童子前后相伴，另一童子手持盆花从屋外走来，一派悠然闲适的田园情趣。款识：百岁老人谈旧事，窗间新绿试新茶。眼前清福须消受，又报邻家来送花。丁丑腊月下浣，仿新罗山人笔为心田四兄大人雅属。清溪樵子钱惠安试仌（冰）纹研志。钤印：吉生（朱）。

更健康环保绿色

接触过医学方面的人都知道，“是药三分毒”。任何药物的服用，都会在治疗的过程中，对其他器官或生理系统产生或多或少的副作用。

而药茶的搭配服用，能够有助于发挥和加强药物的疗效，并且有利于药物的溶解吸收。

更加方便卫生

目前一些较为流行的成品药茶多用滤泡纸或布袋包装，在服用的时候只需要用沸水冲泡数分钟即可饮用。这样做节约药材，便于携带，饮用方便卫生，易于药物的溶化吸收，真是好处多多。此外，还有制药厂专门从茶中提取出有效成分制成口服液或片剂，使药茶的针对性更强，效果更好。

就这样，中国茶叶，披着一件解毒的神奇功能的外衣，渐渐走入了人们的视线。

以茶做菜有讲究

因为是入口的材质，所以厨师在选料的时候也是试之又试，希望能够找到最适宜某种菜品的茶叶来锦上添花。所以用茶做菜也是很讲究手法的，要做茶食自然要先熟悉每种茶的特性，若茶叶或茶汤用多了，菜会变苦涩；茶叶或茶汤用少了，又显不出茶香味。另外，葱、姜、蒜、五香此类重味佐料尽量少放，也不要过分夸张，这才合乎茶的本性和健康的要求。

而烹调方式不同的时候，搭配的茶叶也要不同。如果从烹调效果来看，寒凉的海鲜就用同是凉性的绿茶烹调，比如龙井虾仁；温性的乌龙茶与温性的鸡、鸭肉配合，比如川菜樟茶鸭；牛肉是热性的，它的好搭档自然是同属热性的红茶。蔬菜中比较脆、爽的一部分梗类原料可以制作茶叶菜，选用的茶叶以香味充足的红茶为优，而且大多用来制作凉菜。

如果从做菜的效果来看，不同的茶也有不同的茶菜做法。红茶、绿茶、普洱茶、乌龙茶的效果相对好一些，如铁观音冲泡之后散发浓郁的兰香，茶性清淡，适合泡出茶汤做饺子；而灼虾、蒸鱼适宜用绿茶汤；普洱茶适合做卤水汁；碧螺春适合将茶叶捣碎混合一起做羹汤，还有茶水蒸饭等等。

茶礼

茶不输酒：以茶待客之道

《茶酒论》

我国自古就有人专门著书，名曰《茶酒论》。此书珍贵绝版，是在敦煌石窟被考古人所发现，如今收藏于佛国国立图书馆，是编号第二七一八的文献，是乡贡进士王敷所撰。王敷时代不明，但根据《茶酒论》的内文，学者们推论大概是唐朝天宝元年（742年）以后的作品。

有歌词说得好：抽刀断水水更流，举杯销愁愁更愁。同为世间人们所青睐的饮品，但是性格却截然不同。酒是刚烈刺激的，而茶却是柔顺平和的。酒是感性的，容易让人动情深陷，而茶则是理性的，让人心如止水。

两种饮品，客观地存在于我们周围的世界，哪一个都是唾手可及，没有什么好坏之分。而赋予它们感情色彩的，当然是时刻在做着选择的人们。

平常人饮酒，想要做到浅尝辄止，是需要有相当的定力的。所以自古以来，因为喝酒而过分张扬错失机会，因为过量而误事甚至失去生命的，从来都不在少数。

酒精带给我们的只是暂时的麻木与逃避，而醒来之后我们还需要以一颗冷静的头脑去面对生活，面对自己。

因此，不妨婉拒酒杯，就让这一杯略苦的香茗，指引着我们继续未完成的人生吧。

以茶代酒的典故

以茶代酒的典故最早出现在晋朝陈寿写的《三国志 · 韦曜传》。书中说：“皓每飨宴，无不竟日，坐席无能否率已七升为限，虽不悉入口，皆浇灌取尽。曜素饮酒不过二升，初见礼异时，常为裁减，或密赐荈以当酒。”

文中的皓即孙皓（242—284年），字元宗，为中国三国时代东吴的第四代君主（264—280年在位）。他是孙权被废去皇太子地位的第三子孙和的长子，也是东吴的最后一个皇帝。

其中的曜字弘嗣，原名韦昭，（陈寿为了避晋武帝之父司马昭的违，所以改为韦曜），吴郡云阳人，以博学多闻而为孙皓所器重。当时的饮酒风俗和今天有些许相似，也是酒量大的人比较容易在职场吃得开。据说，当时，吴王孙皓每次大宴群臣，座客者至少得饮酒七升。

而至于这七升的酒精，是不是都进入饮酒者的胃袋里，那就只能看诸位浑水摸鱼的本事了。但是韦曜酒量才不过二升，好在孙皓对他特别优待，担心他不胜酒力在众位同僚面前会出洋相，经常破例允许他少喝，或暗中赐给韦曜茶来代替酒。

而现代革命的先驱者孙中山也一向倡导“以茶代酒” 。中山先生生前曾经多次到杭州，登六和塔，尝虎跑泉，掬泉品茗，留下千古名言：“味真甘美，天之待浙何其厚也！”

在革命之余，他也十分关心如何兴旺祖国茶叶。为此，他还专门颇有兴趣地写道：“譬如就饮料一项说，中国人发明茶叶，至今为世界之一大需要，文明各国皆争用之……”

举茶望月，对影成三人

唐代大诗人李白曾经写下的千古名篇《清平调三首》，讲述的就是唐明皇李隆基邀请李白品尝全国各地进献的新茶贡品之事。

大唐君臣清平茶的程序繁多，是盛唐时期的一种比较典型的宫廷茶艺。大体共有十六个步骤之多，有备器、鉴赏茶饼、炙茶、碾茶、筛茶、候汤、投盐、舀汤、置茶兑汤、分茶、敬茶、闻茶、观色、品茶、谢茶等。

李白平日里作诗几乎算得上是无酒不欢。不过正所谓“成也萧何，败也萧何”，虽然酒精的刺激，曾经带给这位诗仙无数的奇思妙想，让他为后人留下了很多传诵千古的诗句。但是他同时也因为酒，变得更加狂傲不羁，终身仕途不得志。或许在后人的眼里，他是成功的。但是在当时的情况下，他心里的苦闷滋味又谁人知晓呢？

人们总说，好酒易得，知己难寻。茶也是一样的。只不过，独自偷饮的时候，只有将愁绪越藏越深，不得解脱。而独自品茶，却能够将自己烦乱的心情抚平沉淀，可以冷静思考未来的道路。

所以心中满烦忧，却无处可倾诉的时候，不妨举茶望月，对影成三人。因为更多的时候，我们只是缺少一个宣泄的出口，而至于这个出口在哪儿，是什么，就无所谓了。

宋朝诗人杜耒不就写过这样的诗句：“寒夜客来茶当酒，竹炉初沸火初红，寻常一样窗前月，才有梅花便不同。”此种的心情与情调，断不是用简单的言语就可以描述得清楚的。

以茶聚友：茶话会与社交

名作家老舍，在写完自己的标志性著作《茶馆》之后，曾经非常感慨地坦言：中国的茶馆，是一个小型的社会，它映射了各个阶层人士的生活现状与追求。

西方历史学家曾经做过调查，内容就是近代的一些公共场所。他们认为，除去家庭圈子，必要的公共场所对人类表达情感的需要，做出了非常多的努力。这些地方，给朋友以及不相识的陌生人，提供了及时雨般的社交场地。这些公共场所，在某种程度上来说，几乎就是当时整个社会的一个缩影。

对比欧美的咖啡馆和文艺沙龙，中国的茶话会，无疑是更加复杂而丰富。对比单纯休闲放松，茶，还带给了我们更多。

饭后的老地方

一提起“老地方”，人们总是想起那两句诗：“月上柳梢头，人约黄昏后”。这当然是写青年男女约会的诗词，每当说起老地方，就能够让人联想到两个人的甜蜜。

而在普通人眼里，他们生活中的老地方，虽然没有这么浪漫，但也不乏朴实生活的味道。黄炎培先生在民国时期，曾经写有一首打油诗，内容就是描绘那些爱茶人日常生活的闲逸，其中有这样两句："一个人无事大街数石板，两个人进茶铺从早坐到晚"。

而教育家薛绍铭也发现，很多爱茶之人，"有许多是终日不举火，他们的饮食问题，是靠饭馆、茶馆来解决。在饭馆吃罢饭，必再到茶馆去喝茶"。甚至有一些"饭吃得还快一点，喝茶时一坐三四个钟头"。

而在生活工作节奏无限加快的今天，很多爱茶者无奈于一些自己不能左右的问题，而离茶有些疏远。但是再繁忙的心，也总是会留出那样安静恬淡的一角，只等哪天饭后继续老地方相约。

"茶博士"

翻看历史，我们就会发现，"茶博士"这个称谓早在唐末五代时期就已经出现了。《茶酒论》里面这样写道："酒店发富，茶坊不穷"，这说明在那时，茶坊这个行业已然渐渐走上了正轨。而唐代人封演写的《封氏闻见录》里则说道："茶罢，命奴子取钱三十文酬茶博士。"

这里显然就是将茶馆里跑堂的叫做了"茶博士"。其实，据史书记载，"博士"的名称最早起源于战国时期，跟士大夫一样是一个官职的名称。在秦朝，朝廷里的博士，其实就是皇帝的学术顾问，主要是掌管全国古今史事以及书籍典章，以备皇帝需要。而在《汉书·百官卿表上》也记载着："博士，秦官，掌通古今。"

而到了唐宋时期，人们就已经把对某一职业精通的人统称为

“博士”，比如医学博士、算学博士、书学博士以及律学博士等。而当时煎茶、点茶都需要十分高超的专门技艺，所以人们就称呼茶馆的主人或者伙计为“茶博士”。

谓之“闲人”

对于地方文人来说，茶馆以外的世界，大多都是污浊不堪的。对于现代社会的急速发展，他们总觉得有些过头或者不能接受。但是历史的脚步就是这样，他们只能看着它不停地向前远转，无可奈何。于是在这样的心情下，他们就更加怀念那些往昔的美好事物。

于是，茶馆里清净宜人的环境，恬淡雅致的茶香以及温文尔雅的茶客们，都能够让他们从心底里感觉到舒服与放松。

在这样的地方，他们觉得世界上仍然还有正常一点儿的发展空间，人们也都还在脚踏实地地工作与生活。在闲暇的时候，来这里喝喝茶，碰上几个志同道合的朋友聊聊天，这对他们来说不只是一种生活趣味，更是对这个社会恢复信心的办法。

而在那些已然退休的官员来看，生活决不能变成一湖没有波澜的死水。从在职时的车水马龙、门庭若市，到如今的门可罗雀、少人问津，这种心理上的突然冷落，让他们一下子仿佛被岁月无情与人心的冷漠弄花了眼睛。有些人自然愿意安安稳稳地待在家里，侍弄花草，尽享天伦之乐，但是也有些人人老心不老，希望自己的一番热情还有发挥的空间。

在这个供过于求的买方市场，这个愿望自然已经有人为他们想到了。除去曾经的办公室，作为另一个绝好的去处，另外一个人生舞台，茶馆无疑是选择之一。在这里，他们不会觉得自己被社会给丢下，进出无白丁的品茶环境更让人感到一种品位的提升。

品品茶，润润嗓，讲讲自己曾经的光荣史，聊聊现在的业余生活，岂不乐哉！

宋·赵佶《文会图》（局部）

宋徽宗赵佶（1082—1135）所作之《文会图》，是公认的描绘茶宴的佳作，展现出宋代文士雅集的典型场景。

整个活动似在一处园林中进行，随处可见池水、山石、绿树等景物；左下角几个仆役正在烹茶，茶瓶在火上煮水，都篮、茶碗、茶炉清晰可辨。茶案之后，花树间又设一桌，上置香炉与琴，园中置大方案，十余文士正围坐品茗，表现出盎然的诗情茶韵。

谓之“忙人”

当然，有了所谓的茶馆“闲人”，自然还会有相对应的一批茶馆“忙人”。

在古代，茶馆的社会功能有些类似剧院。很多茶馆都专门安排评书或者戏曲表演供喝茶的人欣赏。这些说评书的、唱戏的、说大鼓的一般都是与茶馆商量好，每天什么时间演，演几场，然后根据茶馆的上座率得到一定的分红，再就是赶上比较大方的茶客，还能够得到一些赏钱。

除去这些艺人，在古代的茶馆里，一些算命先生或者卖烟的小孩儿，也是不可或缺的人物。那时候人们的生活还没有如今这么丰富，日常生活中的休闲娱乐活动很少，所以各行各业、形形色色的人都愿意来茶馆休息一会儿。而这样的一个小型社会，无疑给算命先生提供了一个非常好的环境。

人们常说，其实哪有人能够真正算出你的命运呢？而那些算命先生也无非只是眼神比常人更加细致一些，况且他们也从不把话说死，总是留有一些余地。当然人们算命的原因，也有一部分是去打发时间，找个乐子，很少有人真把算命先生说得当回事。

而那些卖烟的小孩儿，更是孤苦可怜。我们熟知的《三毛流浪记》中的三毛，就曾经天天在脖子里挂一木盒子香烟，或沿街叫卖，或去茶馆叫卖。

当然在如今的茶馆里，我们已经很难再找得到算命先生与卖烟的小孩儿了，但是某些茶馆还仍然保留了茶艺表演，或者是戏曲等才艺表演的项目，供大家欣赏。

但是这些人都只是茶馆里的员工，称不上是茶馆里的“忙人”。相比那些嘈杂的KTV，私隐性又不太完善的咖啡馆，以及感受不到高雅格调的酒楼，茶馆无疑是那些不习惯杯盏中谈生意的商人的首选。

所以，如今除了跟朋友来笑谈小聚的，来茶馆坐坐，在喝茶之余，能把生意谈妥的已经不是少数了。

茶圣陆羽曾经津津乐道古人喝茶崇尚简朴，不但能够强身健体，还能够使人修身养性。尽管各个阶层对茶的认识与理解都不尽相同，饮茶的口味与方法也都各有千秋，但是无论贫富贵贱，无论僧道俗人，人们以茶待客会友，以茶示廉明志，以茶怡情养性，通过品茶来追求高雅生活的方式是一样的。

喝茶定终身：茶与姻缘

中国的四大名著之一《红楼梦》曾经有这样一个片段，黛玉因为吃了凤姐送的茶叶，就被取笑说要做贾家媳妇。看来在当时，姑娘家可是不能够随便就喝人家给的茶水的。而这其中的缘由，我们还要从影响了中国封建社会的儒教说起。

以儒教为代表的封建礼教，要求妇女“三从四德”。而“一女不侍二夫”更是从那时候就开始束缚妇女的自由人生。而茶树，因为不能够像普通的树木那样嫁接移栽，即便是嫁接的茶树存活了，也不能再继续产茶籽。因此在古人眼中，人们认为茶树具有“从一”的性质，进而就把茶叶当作不悔约，不会三心二意的象征。

明代人许次纾在《茶流考本》中说：“茶不移本，植必子生，古人结婚必以茶为礼，取其不移志之意也。”而明代著名的作家汤显祖也在《牡丹亭》的台词中也写到：“我女已亡故三年，不说到纳彩下茶，便是指腹截襟，一些没有。”这里的“下茶”表明古代男女之间订婚。明人郎瑛在《七修类稿》中更是明确指出说：“种茶下子，不可移植，移植则不复生也。故女子受聘谓之吃茶，又聘以茶为礼者，见其从一之义”。

订亲茶

就这样，茶与婚姻从此扯上了关系。人们在讨论结婚的礼仪细节的时候，也通常都借用“吃茶”的仪式来表示对此事的看重。为此，民间还有用茶叶“小定”一说，等男方正式下聘送聘礼的时候，又称“大定”。

欲加之词——“茶”的美妙寓意

茶性最洁，可示爱情“冰清玉洁”；

茶树多籽，可象征子孙“绵延繁盛”；

茶树四季常青，以茶行聘则寓意“永世常青”、“相敬如宾”、“白头偕老”。

故世代流传民间男女订婚，要以茶为礼，茶礼也从此成为了男女之间确立婚姻关系的重要形式。

同样女家接受茶礼，必须要守信，民间一向有“好女不吃两家茶”之说。

南宋诗人吴自牧的《梦粱录》卷二十中，曾经记载了作者亲眼所见的一场婚俗：男女两家先要凭借媒人往返送去定帖。这定帖送到之后，这门亲事才刚刚开始。然后就是两家相亲，或者在街上的园圃处，或者在湖上的小船中，如果女方家愿意，就会将金钗插到自己的冠髻之中。接着就要商定礼金和彩礼的具体事宜了。在当时，无论贫富之家，茶饼都是男方聘礼之中必不可少的一项。而女方的陪嫁之中，茶叶罐也是必需的一项。就单凭这一点，也足见茶在当时人们生活中的重要地位了。

婚宴上的“贵宾”

茶叶自古以来都是婚宴上的“贵宾”，且不说过彩礼的时候少不了它，即便是热闹的婚宴当天，它也是不可或缺的重头戏。

而在浙江德清地区的婚礼仪式中，茶的作用则更加丰富多彩。比如“受茶”，男方女方两人首先要对八字，在没有相克的情况下再由双方的两位老人确定同意与否。然后是男方向女方赠送聘礼和聘金，如果女方接受了就叫做“受茶”。

而当地的订亲茶，也是十分的讲究。在订亲仪式上，双方需要互相赠送茶壶共十二把，并拿红纸包上花茶一包，分别赠送给各自的亲戚，这就是所谓的“订亲茶”。

此外，在女子结婚之前，娘家要经常备好茶，来招待那些来串门的年轻小伙子们，这叫做“毛脚女婿茶”；而在女子结婚之后，娘家还要分别准备好“大接家茶”，也就是用准备好的发芽蚕豆和茶点包好送给双方的亲戚邻居。父母在女儿出嫁的第二天，还要随身携带一两茶叶、半斤烘豆以及二两橙子皮拌野兰麻，叫做“亲家婆茶”去看望女儿。

最后我们谈到的“新娘子茶”，则是我们比较熟悉的，如今很多的婚宴上经常能够看到的。但是略有不同的是，大部分地区是由新媳妇敬给自己的公公婆婆，而在浙江当地，是由新媳妇的婆婆请女方家长来家喝的“喜茶”。

在我国云南地区举行婚礼的时候，“闹茶”的习俗，更是必不可少的一项内容。闹茶，不仅仅是在洞房花烛夜的当天，还包括之后三天的时间，这三个晚上，新郎新娘被亲朋好友围坐在中间，然后一一给各位敬茶。茶中还要放有红糖，取其“甜蜜”之意。而闹茶的时候，则是由宾客们出题，而且新郎新娘必须以绕口令、猜谜语、咏诗歌等多种形式回答才算数。如果新郎新娘不从，宾客们就可以拒绝饮茶；而如果两位新人答不对题，则会引起众人哄堂大笑。所以闹茶闹茶，也取了“越闹越热”之意。

茶与婚恋自由

自从母系统治阶段昙花一现地消逝在历史长河之后，女性的地位就直流而下。在相当长的一段时间里，女性都需要遵守着三纲五常，其中的“三从四德”更是将女性的权利几尽剥夺。如此的社会环境，更不要提什么婚姻自由。身为女子，想要嫁给谁，跟能够嫁给谁，向来都不是自己能够说了算的，父母之命，媒妁之言，就把古代女性的命运给卡死了。

即便如此，在某些地方，勇敢而又向往自由的女性，仍然像那辽阔草原中的星星之火，存在着希望与追求。

在我国湖南地区，男子去女方家上门提亲，姑娘首先要按礼节递上清茶一杯。男子饮用之后，一般都会放一些贵重的物品首饰，或者是钱钞之类的在杯子之中。如果姑娘当下就表示接受，也就是在心里同意出嫁。可见，此地的女子们还是比较幸运的，有一定的择偶自主权。

而谢茶媒的步骤自然也是少不了的。在结婚入洞房之前，要用红枣、花生、桂圆以及龙眼等泡入茶中，再拌进冰糖用来招待各位宾客，寓意“早生贵子”、“跳龙门”。而两位新人也要共饮“合枕茶”，意味着完成了人生大礼。婚礼过后的第二天，新郎新娘还要捧着盛满香茶的茶盘，向长辈们一一进献，行拜见礼。当然，喝过新媳妇的敬茶，长辈们的红包肯定也是少不了的见面礼。

以茶为媒，当然是一桩美事。而以茶退婚，更是姑娘们勇于拒绝包办婚姻，追求自己幸福的人生趣事。

旧时贵州等地，姑娘们往往都由父母包办婚姻。但是如果订婚之后姑娘心有不满，还是可以自己回绝这门亲事的。只不过中间还要费些周折，并且含有一定的风险。

想要回绝的姑娘，可以用纸包一包茶叶，选好适当的时机，务必要在神不知鬼不觉的情况下放置在男方的家中。想要做到茶被发现而人不被发现，是有一定的难度的。而如果事情没有计划安排好，败露了，则男方是可以立即杀猪设宴与姑娘成亲的。所以女方在踏出第一步之前，一定要好好打探一番。而退茶成功的姑娘，会得到大家的称赞，并不需要承受任何的责难。女方父母虽然也免不了埋怨自己的闺女，但是还得要带着闺女去男方家正式办理退婚的具体事宜。

从古至今，茶一直都被人们当做一种道德崇高的象征。对于茶，人们给予的不仅仅是一种偏爱，更多的还是一种恭敬。此时的茶礼，已然远远超出了茶本身的范围，成为礼节的代名词。

少数民族风情多

如前所说，我国大多数民族，都嗜好饮茶；我国各族婚礼，五光十色，在结婚的过程中，往往都离不开用茶来做礼品。如果真要把我国婚礼中派生的茶叶文化现象全部搜集起来，那无疑将会是一幅极其绚丽的历史风俗长卷。

如云南拉枯族人，栽茶是好手，评茶也是专家。当男方去女方家求婚时，必须带上一包茶叶、两只茶罐及两套茶具。而女方家长以男方送来的“求婚茶”质量的优劣，作为了解男方劳动本领高低的主要依据。茶叶质量的好坏就成为青年男女互相爱慕的先决条件。

在云南西双版纳的布朗族，举行婚礼的这一天，男方派一对夫妇接亲，女方则派一对夫妇送亲。女方父母给女儿的嫁妆中有茶树、竹篷、铁锅、红布、公鸡、母鸡等。不管穷富人家，在给女儿的嫁妆中，茶树是必不能少的。

藏族人民把茶叶作为婚姻的珍贵礼品。藏民结婚必须熬出大量色泽红浓的酥油茶来招待宾客，并由新娘亲自斟茶，以此象征幸福美满、恩爱情深，这种古朴风俗一直沿袭至今。

在湖南绥宁苗家，有一种“万花茶”，是苗家男女青年恋爱的“媒人”。当小伙子来到姑娘家求婚时，姑娘会向他捧出一杯“万花茶”来，若姑娘对婚事中意，小伙儿的茶杯里会有四片“花”：两片并蒂荷花、两片对鸣喜鹊；如果姑娘对小伙子不满意，那杯中只有三片“花”，而且都是单花独鸟。这万花茶中的“花”是姑娘们每年在秋收季节，用冬瓜片、橙子皮等精心雕成的。

广西瑶族自治县聚居在茶山的瑶族兄弟的婚礼是“一杯清茶一

堆火”，娶亲的一方家里由最年长的人迎接新人，只备一杯清茶、一个烧得旺旺的火堆，婚礼就是由长者给新人奉茶并致吉祥祝辞，便告完婚。

辽宁、内蒙古一带的撒拉族的婚俗是，男方请媒人说亲，经女方家长或姑娘同意后，双方便择定吉日由媒人向女方家送“订婚茶”。订婚茶一般是2千克，分成两包，另外，还要加一对耳坠以及其他礼品。

居住在苍山脚下的白族同胞，从订婚到结婚这段时间，他们都必须以茶代礼，而且在举行婚礼的那天，对前来闹洞房的人，新郎新娘都得一一敬上三道茶。第一道称“苦茶”，是将茶叶放入烤热的砂罐中，待烤至茶叶色泽由绿转黄，且发出焦香时，注入烧沸的开水，随即取浓茶汤饮用，此茶虽香，味却苦涩，“苦茶”之名由此而来；第二道是“甜茶”，由核桃仁、红糖加茶水冲泡而成；第三道叫“回味茶”，茶水中加蜜糖和花椒调制而成。三道茶“一苦二甜三回味”，寓意着生活的甘苦及主人的美好情意。三道茶献罢，方可闹房，否则会被人理解为不受欢迎而使婚礼不欢而散。

1

2

3

1–3 辽墓壁画

1971年，河北宣化郊外下八里村相继出土了数座辽代墓葬。墓室内彩色壁画和出土器物十分丰富，其中有多幅反映不同茶事场面的壁画，包括点茶图、为点茶作准备工作的煮汤图、妇人饮茶听曲的娱乐场面图、向饮茶者进茶场面图和茶作坊中碾茶、煮点、筛选等一系列工序图等等。从这些壁画中，可以较完整地看到北宋时期北方茶文化的面貌。

茶罢恩怨了：茶与情仇

天下历来都是“分久必合，合久必分”，所以打打杀杀，腥风血雨之后，免不了还是握手言和。而本来仇人见面就分外脸红，自然是不能够坐在一桌喝酒吃肉了，否则一句话谈不拢岂不是要担心自己的性命了。

所以，茶的另一重要作用就应时而出了。而这和事老似的茶，则是缘于温婉贤淑的江南水乡。

吃讲茶

在风景秀丽的江南水乡，流传着一种非常古老的茶俗——吃讲茶。

吃讲茶，是指在平民百姓间，如若发生了什么纠纷或者矛盾，两方的人一直争执不下，是既不愿意私了，也不想把事闹大捅到朝廷官府那里去，就会请当地德高望重的老人家，为之举办一场和解茶会。

在吃讲茶的时候，争执双方，连同请来的讲和人，一同约定日期在某茶楼吃茶。当然吃茶为辅，最主要的还是说清来龙去脉，让大家评理。俗话说，退一步海阔天空，既然有意来吃讲茶，两方也都不愿意再这样没有意义地耗下去了。

碍于德高望重的长辈的情面，两方也不会再过分地计较什么。但是吃讲茶的专门程式，是绝对不能够弄错了的。承办的茶馆，事先会为双方安排好座位，而桌子上也早已摆放茶具，周围也做足暗示的功夫，以免有不识趣的人打扰。

双方当事人一边喝茶，一边评理。如果吃讲茶的双方经过调解之后愿意和好，那自然是皆大欢喜，而调解人也会随即叫上茶博士，泡上一壶红、绿茶叶混合在一起的茶汤，两个人一饮而尽，之前的恩怨也就随着咽下肚子的茶汤，一笔勾销。

茶与神鬼

在科学不够发达的古代，很多自然现象都会被移栽在无形的鬼神身上。而古人普遍迷信鬼神，也都坚信鬼神和人一样，也是需要吃喝的。因此当饮茶的习俗在民间传开的时候，用来拜祭鬼神的祭品也就丰富了起来。

在长沙马王堆汉墓出土的文物里，有一件是写着“梠”字的“笥”（竹箱），有人认为这个“梠”字就是“槚”，这是一个装茶叶的竹箱。如果这个看法是对的话，那么早在2100年前茶叶就已经成为祭拜鬼神的供品了。

在《茶酒论》里，作者王敷把茶拟人化，以第一人称说：“我之茗草，万木之心，或白如玉，或似黄金，名僧大德，幽隐禅林，饮之语话，能去昏沉，供养弥勒，奉献观音，千动万动，诸佛相钦。”从文中，我们显然能够看出当时佛教的人士都饮茶，并开始以茶敬神。

元朝末年高丽人编写的汉语读本《朴通事》里也曾经提到，当家里有人去世做“黑衣道场”时，“为头儿门外前放一个卓儿，上头放坐一尊佛像。明点灯烛，摆诸般茶果等味。请佛入到殡前，吹锣打钹，擂鼓撞磬，念经念佛，直念到明。”又提到每年立春节气，各地政府组织的“打春”活动，在游行队伍里“又是个茶博士们，提汤灌的，拿茶碗、把盏的跟着”。

陆羽死后不久就被人们尊崇为“茶神”，仿佛是茶商的财神爷一样，种茶的、卖茶的都要供奉。而早在唐代时就以制作陶人出名的巩县，也已然跟上社会发展的潮流，开始制作陆羽的陶制小神像，供茶农、茶商、茶坊等随时供奉。

不止在民间，即便是在皇室之中，茶也是必不可少的角色之一。在清朝的皇室祭祀大典里，处处都能够见到茶的身影：正月初九的“朝天忏”礼，要供“茶九盅”；二月初一“太阳供”，也要供八路三盅茶；立春迎春仪式上，供五路茶三盅；七夕大供，每一步骤都要供茶。

就这样，一直到近代，民间祭祀观音菩萨（农历三月十九）、月光娘娘（中秋）等都是以茶为主要的供品。

清照角茶

李清照是宋代著名的女词人，她的诗词清丽婉约，饱含丰富的情感，被后人称之为“乱世中的美神”。在那个女子无才便是德的年代，如此一个集美女、才女于一身的大家闺秀，在默默接受父母之命，媒妁之言的时候也必定是无奈的。但是我们必须说，比起同

时代的女子，李清照算是十分幸运的。

因为她的父母在为自己挑选乘龙快婿的时候，并没有单单注重对方的家世是否相配，家底是否足够殷实。在李清照父母的百般挑选之下，她的丈夫赵明诚，与李清照可谓是天作之合，在门当户对的同时，还称得上是郎才女貌。

李家女婿赵明诚是个金石学家，他与李清照志同道合，情意甚笃，相敬如宾。即便是在两个人因为工作缘由，两地分居的时候，他们为表相思所作的诗词，也为后人们津津乐道。

在赵明诚去世后，他曾留下了一部《金石录》，而这本著作的“后序”就是爱妻李清照所作。在“后序”中，李清照对丈夫生前的事迹和两人共同学习的往事作了动人的回顾。其中一件生活趣事，就把二人以茶助兴的故事描写得极为传神：

“每获一书，即同共校勘，整集签题，得书画彝鼎，亦摩玩舒卷，指摘疵病。夜尽一烛为率。故能纸札精致，字画完整，冠诸收书家。余性偶强记，每饭罢，坐归来堂、烹茶，指堆积书史，言某事在某书某卷第几页第几行，以中否角胜负，为饮茶先后。中即举杯大笑，至茶倾覆怀中，反不得饮而起。”

愿得知心人，白首不相离。青灯黄卷之中，孜孜以求，相互激励。对于一个单纯追求幸福的人来说，有了这样的知心人，还有什么值得祈求的呢？一杯清茶，成了他们辛勤为学的见证，一杯清茶，为这位在宋词的曼妙世界如鱼得水的才女的一生平添了一段清奇的风韵。

礼尚往来：茶叶送礼传统

中国人是一个讲究礼仪的传统民族，我们在人际交往的过程中，必要的礼尚往来，往往在无形之中能够起到意想不到的作用。

如果礼物虽小，又恰巧正中收礼人的下怀，自然是“千里送鹅毛，礼轻情意重”，而且还加深了两个人的交情；如果礼物很精致，却不入收礼人的眼，那么再贵重的东西，也还是不如“君子之交淡如水”。

无关价格，再平凡的小东西，因为那一点点的用心，就会让人感觉到一种难得的欣喜，倍感珍贵。

我们知道，茶一开始就被神农氏当做一种清热解读的药品。在今天这个格外注重医疗保健的时代，茶的各种神奇疗效已经备受科学家们的关注。所以在走亲访友，或者礼尚往来之时，为亲朋好友挑选一件比较精致的茶具，或者一盒总让人口有余香的香茗，也不失为一个很好的选择呢！

茶宠

我们平常容易见到的茶宠，都是用紫砂材质制作而成的。外行人也知道，品茶能有一柄紫砂壶，对爱茶者来说简直是一种生活的馈赠。而且不止一位爱茶人说过，紫砂是一种颇具灵性的东西，也是能够通人性的东西。

有心的人，总是能够挑选出别具一格的款式，那微微起砂的表面，或红，或紫，或白，给人一种等待的默契。带回家摆放在茶台之上，真正的对宠成三人。经过天长日久的滋润，表面的不平会逐渐显示出时间的光华。

或许有人会说，这应该是适合没什么恒心的人吧，不像是那些娇气的金丝猫，几天不打理就会无精打采，毫无神气。其实不然，我们既然说它通灵性，那么你的关心与否，它又怎么会截然不知呢？

养茶宠的乐趣，其实跟我们摆弄花草，或者逗玩猫狗等，是相似的等待与收获。从最一开始的完全陌生，到后来的一步步相处，再到最后相视默契，感觉更像是朋友。

锡制茶叶罐

说到茶叶罐，有人或许会说，刚才不是夸了半天的紫砂吗？为什么这么快就又弃之不用了呢？紫砂自然美妙，可也正是因为它能够在天长日久的时间中，慢慢汲取了茶叶的味道，从而淡化了茶叶本身的香气，不太适合存储茶叶。市场上比较常见的有瓷质的茶叶罐，瓷器无色无味，完全不必担心会有不同的气味残留。

好茶叶自然也需要好的茶叶罐来储存，尤其是娇嫩的绿茶，对保鲜的要求更高，若是用不好的茶叶罐，营养和味道都会流失，也容易变质，对于好茶，不得不说是种浪费，这也是爱茶之人所不能容忍的事情。

锡是最适合储存茶叶的材料，它对人体无毒无害，没有丝毫其他金属的生涩味。虽然当时没有如今各种各样的净化设施，但是古人知道可以用锡来净化水质，从而让水的味道更加清冽。

而用锡制成的茶叶罐因为自身的材质，密封性相对来说更强，罐身也更加厚实，罐颈高，温度恒定，保鲜的功能就更胜一筹。

不过要想做到让每个人微笑，也还真不是一件容易的事情。尽管锡质的茶叶罐与绿茶的搭配可谓是天衣无缝，相得益彰的天作之合，不过它与普洱茶碰上了却是笑不出来的冤家。因为普洱需要与空气有一定程度的接触，才能更好地发酵，从而体现出自身的价值，所以放在锡制的罐子里反而会弄巧成拙，得不偿失。

茶香水

所谓混搭，真的不只是出现在服装界中的名词。三百六十行，哪一行我们都能看得见“跨界”的魅力。

而茶叶，其本身生态环保，又利于健康的特质，已经招来了众多眼光的关注。很多制作香水的顶级大师，更是对这份充满着神秘东方色彩的茶香味情有独钟。

而对于希望自身标签中能够多一份知性与高贵的男男女女，相信也绝对不会抗拒这一份低调优雅的耐人香气。

茶点

一听下午茶，很多人首先映入脑海的，想必就是正宗的英式下午茶。有些人或许会觉得，搭配点心，难免会破坏掉茶本身的清淡恬静之感。不过，所谓“醉翁之意不在酒”，其实喝茶，我们最注重的或许并不是茶点本身，而是跟我们一起喝茶的人，我们一同品茶的氛围，不是吗？

无论是自己一个人打发轻松的午后时光，还是与同学好友小聚聊聊心事，抑或同工作伙伴寻一个不那么严肃的场合叙叙家常，茶点都是一个非常适合的选择。它既不像早点那样时间太早不合时宜，也不像酒桌上的杯盘一样让人苦不堪言。

营养学家说过，其实人们在喝茶的时候，难免会因为能量未及时补充，而引起晕茶的身体不适。所以带糖分的点心就是雪中送炭了。它除了能够让胃口不那么空之外，还能够非常适宜地抵消一些茶的苦涩余味。还有一些比较讲究的爱茶人会列举出一些完美搭配的心得来，例如，味道清淡的豌豆黄配绿茶，味道浓重的驴打滚来配普洱，等等。

渴望爱的女人总是信奉“想要抓住一个男人的心，就要抓住他的胃”，其实每一个等待爱的人，都是一颗等待关怀的寂寞的心。这份孤寂需要的温暖其实并不奢侈，也算不上过分。有的时候，只是一杯热腾腾的茶，也足以让人心暖暖的；有的时候，只是一块酥酥的点心，就足以让人的心甜甜的。

名茶

六大茶类：各具韵味

明清之后，随着茶类品种的持续增加，各种制作方法日益精良，饮茶方式也逐渐开始呈现两大特点。

第一个特点是，品茶方法日臻完善且较为讲究。首先，喝茶之前，茶壶茶杯要用开水先洗涤干净，之后用干布擦干，然后还要将杯子里的茶渣先倒掉，再倒入水，这时沏出来的茶才会有香气，进而弥散开来。

第二个特点是，喝茶的器皿也比较讲究，是“以紫砂为上，盖不夺香，又无熟汤气”。正是先人们对于喝茶器皿如此“斤斤计较”，才为我们后人留下了很多制作精美、纹理精致的茶具。如今很多人以收藏各式各样的茶具为乐趣。

很多达官贵人，更是视茶如命，甚至在驾鹤西游之前，也要挣扎着嘱咐家人给自己的陪葬中多加几盏茶具，希望在另一个世界也可以享用到清香宜人的美味茶。

茶的世界中出现了几个重量级的品种，也就是如[illegible]谓的六大茶类，即绿茶、黄茶、黑茶、白茶、青茶、红茶。这其中每一种的茶类都有其美丽的故事，借此增添了独特的魅力与韵味。

绿茶

绿茶可以说是茶类中的明星，算得上是在我们日常生活中提及最为频繁的一种茶类。其中碧螺春茶，是绿茶中的佼佼者，以其形美、色艳、香浓、味醇“四绝”而闻名于中外。又因为它主要产于江苏省苏州市吴县太湖的洞庭山，所以又被人称为“洞庭碧螺春”。

总结碧螺春的品质特点，很多人都喜欢这样描述：条索纤细、卷曲成螺、满身披毫、银白隐翠、清香淡雅、鲜醇甘厚、回味绵长。不知道在你的心中，碧螺春又是属于哪一种美，让你心仪呢？

安静的时刻，冲泡一把碧螺春，其汤色碧绿清澈，而叶底格外的嫩绿明亮。因此，茶客曾经说，碧螺春有“一嫩（芽叶）三鲜”（色、香、味）之称。

由于其杰出的特性，碧螺春一直非常受人青睐。而对碧螺春情有独钟的诗人们，也留下有很多词句为证。

据清末震钧所著《茶说》记载：“茶以碧萝（螺）春为上，不易得，则苏之天池，次则龙井；岕茶稍粗……次六安之青者。”西湖龙井是广为人知的中国名茶，可是在这位古人眼里，与碧螺春相比，龙井也只能委屈靠后了。

品饮时，先取茶叶放入透明玻璃杯中，以少许开水浸润茶叶，待茶叶舒展开后，再将杯斟满。一时间杯中犹如雪片纷飞，只见“白云翻滚，雪花飞舞”，观之赏心悦目，闻之清香袭人。这时候，我们品味的不单单是茶啊，更是对艺术和生活品质的一种追求。

御赐茶名

唐朝陆羽的《茶经》是茶历史上的经典之作，他在“茶之出”中就曾经这样提到：“苏州长州生洞庭山”。在《随见录》中也这样记载：“洞庭山有茶，微似芥茶而细，味甚甘香，俗呼为吓煞人，产碧螺峰者尤佳，名碧螺春。”据说有一天，清朝康熙皇帝来此地视察，捎带品尝了这种汤色碧绿、卷曲如螺的名茶，倍加赞赏，但是唯独觉得“吓煞人香”，其名实在是不雅，于是御赐茶名“碧螺春”，并将之列为贡品。

黄茶

行家人都知道，绿茶的基本工艺是杀青、揉捻、干燥，对各个环节的要求都是很高的。因此，如果制茶工人的技艺不精，对绿茶的炒制工艺掌握不熟练，就很可能前功尽弃，会使茶叶变黄，从而失去碧绿的汤色，产生黄叶黄汤。

不过有句古话说得好：“有心栽花花不开，无心插柳柳成荫。”或许是当时某位茶店老板比较节约吧，并没有果断地将失去碧绿颜色的“次品”丢掉，而是留来自己品饮。结果一喝感觉还不错，和绿茶比起来，别有一番风味，颜色也并不难看，从而就这样慢慢演变成了今天我们饮用的黄茶。

黑茶

黑茶的制作始于明代中叶。明御史陈讲记载了黑茶的生产：“商茶低仍，悉征黑茶，产地有限……”

黑茶的横空出世，跟黄茶实在有些相像，也是偶然发现的。当人们在制作绿茶的时候，如果杀青时叶量过多而火温又偏低，那么就会使叶色变为近似黑色的深褐绿色；或者是以绿毛茶堆积后发酵，渥成黑色，这样就会生成我们所看到的黑茶。

白茶

唐宋时期所谓的白茶，是指偶然发现的白叶茶树采摘而成的茶，与后来发展起来的不炒不揉而成的白茶不同。到了明代，出现了类似现在的白茶。田艺蘅《煮泉小品》记载：“芽茶以火作者为次，生晒者为上，亦近自然……清翠鲜明，尤为可爱”。

现代白茶是从宋代绿茶三色细芽、银丝水芽开始逐渐演变而来的。最初是指干茶表面密布白色茸毫、色泽银白的“白毫银针”，后来经发展又产生了白牡丹、贡眉、寿眉等其他花茶。

入选为2009年中国考古六大新发现之一的西安蓝田县五里头村北宋吕氏家族墓地，曾经一共出土了数十件主要用途为茶具的渣斗，分为陶、瓷、石、铜等材质。其中一件铜质渣斗内发现了距今近千年的珍贵茶叶，大约有30多

明·文徵明《惠山茶会图》

根，经考证是产自福建的珍贵白茶，能够保存至今的茶叶实物在中国考古史上极为罕见。

青茶

六大茶类之中的青茶，也叫乌龙茶，是一种半发酵茶，是我国几大茶类中，独具鲜明特色的茶叶品类，也是介于绿茶和红茶之间的一种。乌龙茶综合了绿茶和红茶的制法，其品质介于绿茶和红茶之间，既有红茶浓鲜味，又有绿茶清芬香，并有“绿叶红镶边”的美誉。品尝后齿颊留香，回味甘鲜。

人们用茶壶冲泡乌龙茶时，习惯把第一泡的茶水倒掉，称之为“洗茶”。有些人解释这样做是因为要洗去茶叶中不干净的夹杂物，如茶灰、尘埃。其实，这样的讲法实在是一种误解。

据学者考证，“洗茶”一词最早是在宋朝出现，原本是茶农们在茶叶采制过程中的用语，直到后来才渐渐地延伸到我们的日常饮用过程中。

当鲜叶经由采茶女之手，从茶树上被采摘下来，然后经过初制、精制的多道工序，包括如做青、釜炒、揉捻、烘焙以及筛检等。可以说，到最后成熟包装好的茶叶时，也是颇费了一番周折。这时候得到的茶叶在卫生标准上自然是无需消费者们担心的。即便是其中偶有夹杂物，注入沸水再倒掉，也可迅速去除。

乌龙茶在六大茶类中，如果按工艺的复杂程度排名，毫无疑问位列前茅。它的泡法也非常地讲究，所以喝乌龙茶也被人称为“喝功夫茶”。乌龙茶的药理作用，突出表现在分解脂肪、减肥健美等方面，所以在日本又被称为“美容茶”、“健美茶”。

比较著名的乌龙茶

乌龙茶有很多品种，其中比较有名气的就多达十几种，有：武夷岩茶；武夷肉桂；闽北水仙；铁观音；白毛猴；八角亭龙须茶；黄金桂；永春佛手；安溪色种；凤凰水仙；台湾乌龙；台湾包种；大红袍；铁罗汉；白冠鸡；水金龟。

红茶

红茶起源于16世纪，以适宜制作本品的茶树新芽叶为原料，经萎调、揉捻、发酵、干燥等典型工艺过程精制而成。因其干茶的色泽和冲泡的茶汤以红色为主调，故得名。在茶叶制作发展过程中，发现以日晒代替杀青，揉捻后叶色变红而产生了红茶。最早的红茶生产从福建崇安的小种红茶开始。清代刘埥《片刻余闲集》中有记述：“山之第九曲处有星村镇，为行家萃聚。外有本省邵武、江西广信等处所产之茶，黑色红汤，土名江西乌，皆私售于星村各行。”

自星村小种红茶出现后，逐渐演变产生了工夫红茶。到了20世纪20年代，印度发展了将茶叶切碎加工而成的红碎茶，我国于20世纪50年代也开始试制红碎茶。

你知道红茶在英语中怎么翻译的吗?

在英文中，红色是“red”，茶是“tea”，但是红茶可不能想当然地翻译成“red tea”，而应翻译为“black tea”。

这样，红茶漂洋过海后，就这么被人戏称为是“黑茶”了。

悠然茶香：美丽传说

龙井茶

乾隆皇帝大概算得上是历史上最最潇洒悠哉的君王了，他的三下江南给人们留下了数不清的传奇故事。传说有一次乾隆皇帝出宫，这天一行人来到了杭州狮峰山下，看乡女采茶，以示体察民情。此时乾隆皇帝心情不错，看到几个乡女正在十多棵绿荫荫的茶蓬前采茶，心里觉得不过瘾，就挽起袖子走近她们，也学着采了起来。谁知才刚采了一把，就忽然听太监来报："太后身体欠佳，请皇上急速回京。"

乾隆皇帝还是很孝顺的，一听说是太后病了，也顾不上许多，随手将一把茶叶往口袋里一揣，日夜兼程地赶回了京城。回到宫里才发现，太后的身体其实并没有什么大碍，大概是平常的山珍海味吃多了，一时肝火上升，也就是双眼稍微有些红肿，胃里不适，并没有大病。此时见皇帝到来，心里自然是有了一些安慰，又觉一股清香传来，便问带了什么好东西。皇帝也觉得奇怪，这到底是哪里来的清香呢？他随手一摸，啊，原来是自己采摘的那一把杭州狮峰山的茶叶。此时，茶叶已经干了，可是仍然能够闻见它所散发出来的浓郁香气。

太后便想尝尝茶叶的味道，于是宫女将茶泡好，送到太后面前，果然清香扑鼻，太后喝了一口，双眼顿时舒适多了。喝完了茶，红肿消了，胃不胀了。乾隆皇帝见太后因为喝了龙井茶身体大好，立即传令下去，将杭州狮峰山下胡公庙前那十八棵茶树封为御茶，每年采摘新茶，专门进献给太后。至今，胡公庙前还保存着这十八棵御茶，到杭州的旅游者中有不少还专程去察访一番，拍照留念。

杭州虎跑泉

龙井茶与虎跑泉素称“杭州双绝”，那么虎跑泉又是怎样来的呢？据说很早以前有兄弟二人，哥哥叫大虎，弟弟叫二虎。二人长得一副好身板，高高大大，浑身都是力气。有一年，二人来到杭州，想住在当地的一个小寺院里。和尚告诉他俩，这里的百姓吃水很困难，每天都要翻过好几道岭去挑水。兄弟俩也是热心肠，一听这话就拍拍胸脯说，只要能住，挑水的事他们包了。于是他俩就这样住了下来。

可是即便是兄弟俩有个好身体，每天这样挑水也非常影响生活，邻里百姓又大都是老少妇孺，很难满足。有一天，兄弟俩忽然想起流浪时候曾经到过南岳衡山的童子泉，那里的泉水又清澈又甜美，如果能够把童子泉搬过来就好了。

于是兄弟俩决定立刻动身去衡山移童子泉。可是两个人心又太急了，一路奔波，日夜兼程，结果才刚到衡山脚下时就昏倒了。昏迷中突然来临了一阵狂风暴雨，不过这暴雨来得快，去得也快速。转眼间风停雨住，兄弟俩醒来，只见眼前站着一位手拿柳枝的小童，这就是管童子泉的小仙人。小仙人听了他俩的诉说后用柳枝一指，水洒在他俩身上。霎时，兄弟二人变成两只斑斓老虎，小仙人跃上虎背，老虎仰天长啸一声，直奔杭州而去。老和尚和村民们夜里做了一个梦，梦见大虎、二虎两兄弟变成两只猛虎，把童子泉移到了杭州。而天亮后真的有泉水了。

到了第二天，天空霞光万丈，全是异象，两只老虎从天而降。猛虎在寺院旁的竹园里，前爪刨地，不一会就刨了一个深坑，突然狂风暴雨大作，雨停后，只见深坑里涌出一股清泉，大家明白了，这肯定是大虎和二虎给他们带来的泉水。为了纪念大虎和二虎，他们给泉水起名为虎刨泉。后来为了顺口就叫虎跑泉。用虎跑泉泡龙井茶，更是色香味绝佳。

铁观音

安溪是福建省东南部靠近厦门的一个县，是闽南乌龙茶的主要产区，种茶历史悠久，唐代已有茶叶出产。安溪境内雨量充沛，气候温和，适宜于茶树的生长，而且经历代茶人的辛勤劳动，选育接植了一系列茶树良种，目前境内保存的良种有60多个，铁观音、黄旦、本山、毛蟹、大叶乌龙、梅占等都属于全国知名良种。因此安溪有“茶树良种宝库”之称。在众多的茶树良种中，品质最好、知名度最高的要数铁观音了。

铁观音原产于安溪县西坪镇，已有200多年的历史，关于铁观音品种的由来，在安溪还流传着这样一个故事。相传，清乾隆年间，安溪县西坪镇上尧村有个茶农，名叫魏饮，制得一手好茶。他每日晨昏泡茶三杯供奉观音菩萨，十年从不间断，可见礼佛之诚。一夜，魏饮梦见在山崖上有一株透出兰花香味的茶树，正想采摘之时，一阵犬吠把好梦惊醒。第二天果然在崖石上发现了一株与梦中一模一样的茶树。于是采下一些芽叶，带回家中，精心制作。制成之后茶味甘醇清爽，令人精神为之一振。魏饮认为这是茶中之王，就把这株茶挖回家进行繁殖。几年之后，茶树长得枝叶茂盛。因为此茶美如观音重如铁，又是观音托梦所获，就给它取名叫做“铁观音”。

铁观音是乌龙茶的极品，其特征是：茶条卷曲，肥壮圆结，沉重匀整，色泽砂绿，整体形状似蜻蜓头、螺旋体、青蛙腿。冲泡后汤色黄浓，艳似琥珀，有天然馥郁的兰花香，滋味醇厚甘鲜，回甘悠久，俗称有“音韵”。茶音高而持久，可谓“七泡有余香”。

大红袍

大红袍是福建省武夷岩茶（乌龙茶）中的名丛珍品，是武夷岩茶中品质最优异者，产于福建崇安东南部的武夷山。武夷山栽种的茶树，品种繁多，有大红袍、铁罗汉、白鸡冠、水金龟四大名枞，此外还有以茶生长环境命名的不见天、金锁匙，以茶树形状命名的醉海棠、醉洞宾、钓金龟、凤尾草等，以茶树叶形命名的瓜子金、金钱、竹丝、金柳条、倒叶柳等。

传说古时有一穷秀才上京赶考，路过武夷山时，病倒在路上，幸被天心庙老方丈看见，泡了一碗茶给他喝，病就好了。后来秀才金榜题名，中了状元，还被招为东床驸马。一个春日，状元来到武夷山谢恩，在老方丈的陪同下到了九龙窠，但见峭壁上长着三株高大的茶树，枝叶繁茂，吐着一簇簇嫩芽，在阳光下闪着紫红色的光泽，煞是可爱。老方丈说：“去年你犯鼓胀病，就是用这种茶叶泡茶治好的。很早以前，每逢春日茶树发芽时，本庙就鸣鼓召集众僧，穿上红衣裤，爬上绝壁采下茶叶，炒制后收藏，可以治百病。”状元听了要求采制一盒进贡皇上。

第二天，庙内烧香点烛，击鼓鸣钟，大小和尚被招来向九龙窠进发。众人来到茶树下焚香礼拜，齐声高喊“茶发芽！”然后采下芽叶，精工制作，装入锡盒。状元带了茶进京后，正遇皇后肚疼鼓胀，卧床不起。状元立即献茶让皇后服下，果然茶到病除。皇上大喜，将一件大红袍交给状元，让他代表自己去武夷山封赏。一路上礼炮轰响，火烛通明，到了九龙窠，状元命一樵夫爬上半山腰，将皇上赐的大红袍披在茶树上，以示皇恩。说来奇怪，等掀开大红袍时，三株茶树的芽叶在阳光下闪出红光，众人说这是大红袍染红的。后来，人们就把这三株茶树叫做大红袍了。有人还在石壁上刻了“大红袍”三个大字。从此大红袍就成了年年岁岁的贡茶。

君山银针

传说湖南省洞庭湖的君山出产银针名茶，君山茶的第一颗种子还是4000多年前娥皇、女英播下的。后唐的第二个皇帝明宗李嗣源，第一回上朝的时候，侍臣为他捧杯沏茶，开水向杯里一倒，马上看到一团白雾腾空而起，慢慢地出现了一只白鹤。这只白鹤对明宗点了三下头，便朝蓝天翩翩飞去了。再往杯子里看，杯中的茶叶都悬空竖了起来，就像一群破土而出的春笋。过了一会儿，又慢慢下沉，就像是雪花坠落一般。明宗感到很奇怪，就问侍臣是什么原

因。侍臣回答说："这是君山的白鹤泉（即柳毅井）水，泡黄翎毛（即银针茶）缘故。"明宗心里十分高兴，立即下旨把君山银针定为"贡茶"。君山银针冲泡时，根根茶芽立悬于杯中，极为美观。

白毫银针

福建省东北部的政和县盛产一种名茶，色白如银形状如针，据说此茶有明目降火的奇效，可治"大火症"，这种茶就叫白毫银针。

传说很早以前，政和一带久旱不雨，瘟疫四起，在洞宫山上的一口龙井旁有几株仙草，草汁能治百病。很多勇敢的小伙子纷纷去寻找仙草，但都有去无回。有一户人家，家中有三个孩子，分别是大哥志刚、二哥志诚和三妹志玉。为了解救家人和邻里百姓，兄妹三人商定轮流去找仙草。这一天，大哥来到洞宫山下，碰巧路旁走出一位老爷爷。老爷爷告诉他，仙草就在山上龙井旁，但是上山时只能向前不能回头，否则就采不到仙草。志刚一口气爬到半山腰，只见满山乱石，阴森恐怖，忽听一声大喊"你敢往上闯！"志刚大惊，一回头，立刻变成了这乱石岗上的一块新石头。见大哥没回来，二弟志诚接着去找仙草。在爬到半山腰时也是因为好奇心回了头变成了一块巨石。就这样，找仙草的重任最后只得落到了志玉的头上。她出发后，途中也遇见了白发爷爷，不过这次老爷爷送了她一块烤糍粑，志玉谢过老爷爷后继续往前走，来到了乱石岗。奇怪声音四起，她用糍粑塞住耳朵，坚决不回头，终于爬上山顶采下了仙草上的芽叶，并用井水浇灌仙草，仙草开花结籽，志玉采下种子，立即下山。

回乡后，志玉将种子种满山坡，拿长出来的叶子解救了自己的父老乡亲们，两个哥哥也回到了家中。这便是白毫银针名茶的传奇。

黄山毛峰

黄山位于安徽省南部，是著名的游览胜地，而且群山之中所产名茶黄山毛峰品质优异。这种珍贵的茶叶也有一段有趣的传说。

明朝天启年间，江南黟县新任县官熊开元带书童来黄山春游，迷了路，遇到一位腰挎竹篓的老和尚，便借宿于寺院中。长老泡茶敬客时，知县细看这茶叶色微黄，形似雀舌，身披白毫，开水冲泡下去，只见热气绕碗边转了一圈，转到碗中心就直线升腾，约有一尺高，然后在空中转一圆圈，化成一朵白莲花。

那白莲花又慢慢上升化成一团云雾，最后散成一缕缕热气飘荡开来，清香满室。知县问后方知此茶名叫黄山毛峰，临别时长老赠送此茶一包和黄山泉水一葫芦，并叮嘱一定要用此泉水冲泡才能出现白莲奇景。熊知县回县衙后正遇同窗旧友太平知县来访，便将冲泡黄山毛峰表演了一番。太平知县甚是惊喜，后来到京城禀奏皇上，想献仙茶邀功请赏。皇帝传令进宫表演，然而不见白莲奇景出现，皇上大怒，太平知县只得据实说此茶是黟县知县熊开元所献。

皇帝立即传令熊开元进宫受审，熊开元进宫后方知未用黄山泉水冲泡之故，讲明缘由后请求回黄山取水。熊知县来到黄山拜见长老，长老将山泉交给他。在皇帝面前再次冲泡玉杯中的黄山毛峰，果然出现了白莲奇观，皇帝看得眉开眼笑，便对熊知县说道：“朕念你献茶有功，升你为江南巡抚，三日后就上任去吧。”熊知县心中感慨万千，暗忖：“黄山名茶品质清高，茶犹如此，何况是人呢？”于是脱下官服玉带，来到黄山云谷寺出家做了和尚，法名正志。如今在苍松入云、修竹夹道的云谷寺下的路旁，有一檗庵大师墓塔遗址，相传就是正志和尚的坟墓。

茉莉花茶

“好一朵美丽的茉莉花”，这句歌词可谓是家喻户晓。现在就来说说茉莉花茶的由来。

传说茉莉花茶由北京茶商陈古秋所创制，至于陈古秋为什么能想出把茉莉花做成茶叶，还有个小故事。

有一年冬天，陈古秋邀来一位品茶大师，研究北方人喜欢喝什么茶，正在品茶之时，陈古秋忽然想起有位南方姑娘曾送给他一包茶叶，还未品尝过，便寻出那包茶，请大师品尝。冲泡时，碗盖一打开，先是异香扑鼻，接着在冉冉升起的热气中，看见一位美貌的姑娘，两手捧着一束茉莉花，一会儿工夫又变成了一团热气。陈古秋不解，就问大师，大师笑着说：“陈老弟，此乃茶中绝品‘报恩仙’，过去只听说过，今日才亲眼所见，这茶是谁送你的？”陈古秋就讲述了三年前去南方购茶住店的经历，他遇见一位孤苦伶仃少女，那少女诉说家父去世，无钱殡葬，陈古秋深为同情，便取了一些银子给她，并请邻居帮助她搬到亲戚家去。

三年过去了，他又去南方住在那家店里时，客店老板转交给他这一小包茶叶，说是三年前那位少女交送的。大师说，这茶是珍品，是绝品，制这种茶要耗尽人的精力，而这姑娘可能你再也见不到了。陈古秋说，当时问过店老板，老板说那姑娘已死去一年多了。两人感叹一会儿，大师忽然说：“为什么她独独捧着茉莉花呢？”陈古秋一边品茶一边感悟道：“依我之见，这是茶仙提示，茉莉花可以入茶。”次年便将茉莉花加到茶中，果然制出了芬芳诱人的茉莉花茶，深受北方人喜爱，从此便有了一种新茶类——茉莉花茶。

白牡丹茶

白牡丹茶的故乡，在福建省福鼎县。

传说在西汉时期，有位名叫毛义的太守，因为看不惯贪官当道，于是就弃官随母去深山老林归隐。这天，母子俩来到了一座青山前，只觉得异香扑鼻。两个人十分好奇，经探问一位老者，才知这沁人心脾的香味，原来是来自莲花池畔的十八棵白牡丹。

母子俩见此处恰似仙境一般，甚是美妙，实在是一个归隐的好去处，于是便留了下来。随着岁月的流逝，母亲因年老加之劳累，终于病倒了。毛义是一个孝子，不忍母亲忍受病痛，遍四处寻药。

或许是孝心感动了天地，一天，毛义做梦，梦见了一位白发银须的仙翁。仙翁告诉他：“治你母亲的病须用鲤鱼配新茶，缺一不可。”毛义认为，这一定是仙人的指点，决定去寻找这种药引。此时正值寒冬季节，毛义到池塘里捉到了鲤鱼，可是在冰天雪地的冬天，要到哪里去采新茶呢？

正当毛义为难之时，那莲花池畔的十八棵牡丹竟变成了十八株仙茶，枝头长满了嫩绿的新芽叶。毛义欣喜万分，立即采下来晒干，茸茸的茶叶就像朵朵白牡丹花，给人希望和温暖。毛义就用这些新茶煮鲤鱼给母亲吃，仿佛神仙眷顾，母亲的病竟然真的好了。周边的人都感怀这几棵懂人心意的茶树，后来就把这一带产的名茶都叫做“白牡丹茶”。

《宫乐图》局部

碧螺春茶

相传很早以前，西洞庭山上住着一位名叫碧螺的姑娘，东洞庭山上住着一个名叫阿祥的小伙子。虽然隔着一片湖水，但是两个人早已经认定了彼此，心里深深相爱着。

可是好事多磨，有一年，太湖中出现了一条凶恶残暴的恶龙，扬言要娶了碧螺姑娘。虽然知道自己与恶龙的力量相差悬殊，但是为了自己心爱的碧螺姑娘，阿祥还是决心与恶龙决一死战。一天晚上，阿祥操起渔叉，潜到西洞庭山同恶龙搏斗，斗了七天七夜，直到双方都筋疲力尽了，阿祥昏倒在血泊中。碧螺姑娘为了报答阿祥救命之恩，亲自照料阿祥。可是阿祥的伤势一天天恶化。

一天，姑娘找草药来到了阿祥与恶龙搏斗的地方，忽然看到一棵小茶树长得特别好，心想，这可是阿祥与恶龙搏斗的见证，应该把它种植好。到了清明节，小茶树长出了嫩绿的芽叶，碧螺姑娘采摘了一把回家泡给阿祥喝。说来奇怪，阿祥喝了这茶，病居然一天天好起来了。阿祥得救了，姑娘心上沉重的石头也落了地。就在两人陶醉在爱情的幸福之中时，碧螺姑娘的身体再也支撑不住，她倒在阿祥怀里，再也睁不开双眼了。阿祥悲痛欲绝，就把姑娘埋在洞庭山的茶树旁。从此，他努力培植茶树，采制名茶。

“从来佳茗似佳人”，为了纪念碧螺姑娘，人们就把这种名贵茶叶取名为“碧螺春”。

乌龙茶

乌龙茶的产生，也是颇有一些传奇色彩。

据《福建之茶》、《福建茶叶民间传说》等书记载，在清朝雍正年间，福建省安溪县西坪乡南岩村里有一个茶农，是打猎能手，姓苏名龙。只因为他长得黝黑健壮，所以乡亲们又都叫他“乌龙”。

一年春天，乌龙上山采茶。结果遇到了一只山獐，经过一番波折，乌龙把山獐制服了。当乌龙把山獐背到家时已是掌灯时分，全家人见了他和猎物都非常高兴，一时间忙于宰杀、品尝野味，早已将制茶的事情抛到九霄云外了。

等到第二天一早，全家人才恍惚记起昨天忘了炒制采回来的“茶青”。想到经过一夜，茶叶必定早已没有了水分，大概都不能用了，一家人很是懊悔。可是没有想到无心插柳柳成荫，那些被放置了一夜的鲜叶，经过一天的时间都已镶上了一层红边，并散发出阵阵清香。

而当乌龙一家人抱着试试看的想法，将这过了夜的茶叶制好时，没想到滋味却格外清香浓厚，全无往日的苦涩之味。乌龙和家人都觉得这样的茶叶，无论是质量还是冲泡出来的香味，都要比以往的好很多，于是下决心要研究出其中的奥秘。

年轻的乌龙不仅胆识过人，心还很细。经过乌龙的用心琢磨与反复试验，经过一次次地萎雕、摇青、半发酵、烘焙等工序，最后终于皇天不负有心人，制出了品质优异的茶类新品。人们为了纪念乌龙，就将这种新茶叶命名为“乌龙茶”。安溪于是成了乌龙茶的故乡。

贡茶

古人有句诗云：“扬子江心水，蒙山顶上茶。”蒙顶茶自唐朝起就被列为“贡茶”，品质优异，人人皆知。可是，知道它的来历的人却并不多。

相传，在很久很久以前，蒙山脚下的青衣江里有一条仙鱼，潜心修炼将近千年，能够随心所欲变化成风情万种的美女。

有一天，仙鱼化身成为一位年轻的少女，在蒙山玩耍，路上看到有几颗茶籽，晶莹剔透，觉得可爱，就随手捡起来放进了自己的香包之中。年轻的少女多怀春，仙鱼偶然之间碰见一名采花的青年，名叫吴理真。

吴理真年轻俊朗，勤劳诚恳，是乡里乡外有名的好后生。好似天降的缘分，两个人一见钟情。鱼仙就从香包里掏出茶籽，赠送给吴理真，作为定情信物订了终身。两个年轻人依依不舍，相约在来年茶籽发芽时，一起拜见父母正式成亲。

鱼仙走后，吴理真就将茶籽种在蒙山顶上，每天过来浇水施肥，等待着心上人到来的那一天。第二年春天，茶籽果真发芽了。按照约定，鱼仙也羞答答地出现在了吴理真的面前。鱼仙解下肩上的白色披纱抛向空中，顿时白雾弥漫，笼罩了蒙山顶，滋润了茶苗，茶树从此越长越旺。

两人成亲之后，相亲相爱，共同劳作，培育茶苗。鱼仙生下一儿一女，两个人每年采茶制茶，生活倒也美满。可惜好景不长，鱼仙偷离水晶宫，私与凡人婚配的事，被河神发现了。河神带领着虾兵蟹将，下令鱼仙立即回宫。天命难违，无可奈何，鱼仙只得忍痛

离去。临走前，嘱咐儿女要帮父亲培植好满山茶树，并把那块能变云化雾的白纱留下，让它永远笼罩蒙山，滋润茶树。

吴理真一生种茶，活到八十岁，因过度思念鱼仙，最终投入古井而逝。后来有个皇帝，因吴理真种茶有功，就追封他为“甘露普慧妙济禅师”。蒙顶茶也因此名扬天下，从此世代相传，朝朝进贡。

茶可雅志：千古文人与茶

茶圣陆羽曾说过，“茶性俭”，“为饮，最宜精行俭德之人”。他认为饮茶，不能等同于饮用一般的汤水。如果只将茶当做解渴的饮料，那么实在是太糟蹋茶的美妙了。

陆羽同时还认为，茶的本性中其实是蕴含着俭德的精神，所以在平常的茶事活动中，应该多加注意，将之注入到繁琐反复的动作之中。茶艺虽然十分讲究，但是精而不奢绝对是最核心的原则。

例如，煮茶所用的器皿，质地本是多种多样，有石的、瓷的、铁的和银的等多种。但是陆羽认为，瓷锅和石锅虽然雅致好看，但是不够结实；而银锅固然非常漂亮，但是又有些过于奢侈了。因此，本着节俭的品茶原则，煮茶的过程还是以铁锅为妙。

而在《茶经》中，陆羽还专门记述了自神农氏到唐朝历代爱茶者的名人轶事，用来告诉大家古人是如何以茶养廉示俭的。如晋朝时期，有一个吴兴太守名叫陆纳，平时招待同僚的时候，只备茶和一些果品。但是有一回他的侄子觉得太过寒酸，就替换成了一桌丰盛的酒席。结果客人走了之后，陆纳就打了自己侄子四十大板。原因就是陆纳认为侄子玷污了自己一直以来保持着的简朴名声。

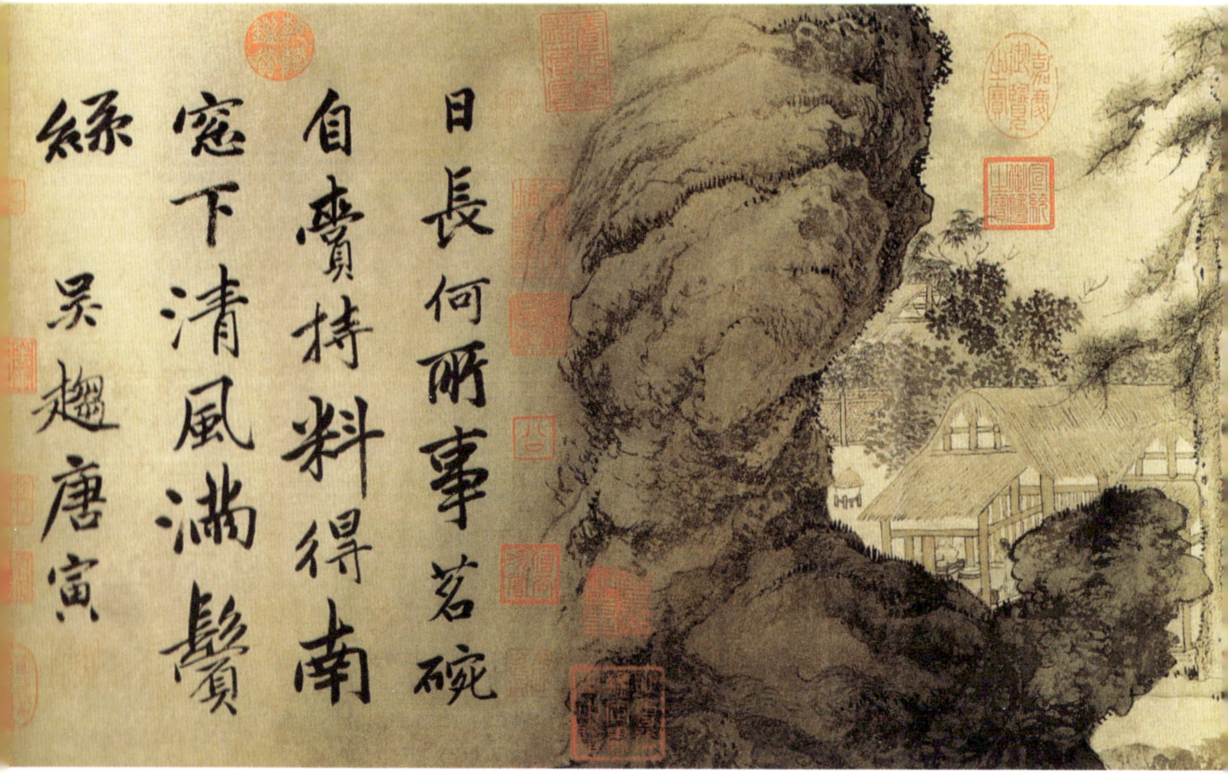
日長何所事茗碗
自賫持料得南
窗下清風滿鬢
絲
吴趨唐寅

明·唐寅《事茗图》

这是唐寅（1470—1523）所绘的《事茗图》。

图中所画主要反映了明代文人的庭院书斋生活。画面左侧有巨石山崖，后设茅屋数间于双松之下；远处群山屏列，瀑布飞流，潺潺流水绕屋而过。溪桥上有一老翁拄杖缓行，后随抱琴童子。茅屋中有一伏案读书之士，旁置壶盏，若有所待。侧屋中一童子正烹泉。

画中人物动静相宜，层次分明，意境幽闲。画面一侧题诗曰：“日长何所事，茗碗自赍持。料得南窗下，清风满鬓丝。”表现出明代文人雅士对那种闲适的归隐生活的向往。

陆羽认为，“至若救渴，饮之以浆。荡昏寐，饮之以茶”。口渴只需汤水，而饮茶，更能使得头脑清醒，励志律己。中国文化素来都十分重视个人的修身和道德的完善，陆羽开创的修德思想，比较容易为文人士大夫们所接受。而这种对茶德的共同追求，不但让茶文化更加深刻，也在茶史中留下了不少品茶爱茶之茗家的故事。

俗话说：酒壮英雄胆，茶引文人思。其实，茶在许多文学家、艺术家眼里已经不止是一杯解渴或者招待客人的普通饮品了，而是逐渐变成他们生活中不可缺少的物品。

饮茶能怡神醒脑，有助文思，因此格外受文人喜爱。而这份不解之缘，也使得茶文化成为中国人文精神的重要组成部分。于唐朝兴起并在之后得到较大发展的茶文化，同时也体现着中国传统文化丰富、高雅、含蓄的特点。

“文人七件宝，琴棋书画诗酒茶”。从古至今历朝历代著名的文人墨客们不仅酷爱饮茶，而且还经常借诗言志，在自己的作品中去描写和歌颂茶叶，为我们留下了浩如烟海的茶诗、茶画、茶歌、茶戏等作品。

如果品茗只为品滋味，把玩精美器具，满足一时的感官享受，那么，再精细考究的茶艺也会流于形式，最终因为缺少生命力而消失在历史的长河之中。所以品茗的更高层次是品性，即在饮茶的同时又达到精神的愉悦和升华，这才可以称为茶道。唐代茶道内涵十分丰富，概括地说，它溶注了中国文化的精髓，将修身养性之道贯穿其中。而这些功劳，也不能不感谢那些真心爱茶的文人骚客们。

唐朝以来流传下来的茶文、茶诗、茶画、茶歌等，无论在数量和质量上，形式和内容，都大大超过了唐以前的任何朝代。饮茶过程既是品味的过程，也是一个自我调节和修养的过程，是灵魂的净化过程。

茶文化为中华民族异彩纷呈、灿烂辉煌的传统文化增添了新的形式和内涵，注入了旺盛的生命力。饮茶、赋诗、会友，根植于民间百姓的社会生活，为广大人民所普遍接受，逐渐积淀和固定下来，成为一种独具特色的民族文化形态，这是茶文化得以顺利发展，且盛行、繁荣至今的坚实基础。

扬州八怪之郑板桥——茶之怡情养性

作为扬州八怪之首的怪才郑板桥，曾经做过12年的七品官，因为为人清廉刚正，所以终身没有在仕途上有大的作为。但是一生清雅清贫，却是郑板桥为之骄傲的地方。

郑板桥喜欢将茶饮与书画相提并论，他认为饮茶的境界，其实与书画创作的境界是相互契合的。还在任的时候，郑板桥曾经画过一幅墨竹图，上面题诗曰："衙斋卧听萧萧竹，疑是民间疾苦声。些小吾曹州县吏，一枝一叶总关情。"

作为他创作的重要伴侣，茶见证着这位清廉官员对下层民众的深厚感情。而在郑板桥的创作中，我们也总能够看到他的诗文书画的背后，不时透露出对民情风俗的浓厚的兴趣。这种清新的内容与别致的格调，让郑板桥的身影，隐藏在傲然挺立的竹菊之间，永不消散。

"茅屋一间，新篁数竿，雪白纸窗，微浸绿色，此时

独坐其中，一盏雨前茶，一方端砚石，一张宣州纸，几笔折枝花。朋友来至，风声竹响，愈喧愈静。”

“墨兰数枝宣德纸，苦茗一杯成化窑。”

“楚尾吴兴，一片青山入座；淮南江北，半潭秋水烹茶。”

“从来名士能评水，自古高僧爱斗茶。白菜青盐粯子饭，瓦壶天水菊花茶。”

“不风不雨正清和，翠竹亭亭好节柯。最爱晚凉佳客至，一壶新茗泡松萝。”

“湓江江口是奴家，郎若闲时来吃茶，黄土筑墙茅盖屋，门前一树紫荆花。”

爱国诗人陆游——茶以表心

陆游是南宋著名的爱国主义诗人，一生为国家和百姓呕心沥血，也留给后人很多脍炙人口的佳作。譬如“壮心未与年俱老，死去犹能作鬼雄”，“王师北定中原日，家祭无忘告乃翁”，至今还都广为人们所吟诵。

据史料记载，仅陆游的一部《剑南诗稿》，就有诗九千三百多首。他自言“六十年间万首诗”并非虚数，而这其中涉及茶事的就有三百首之多，为历代诗人之冠。

陆放翁一生曾出仕福州，调任镇江，又入蜀、赴赣，辗转祖国各地，在大好河山中饱尝各处名茶。而正所谓茶孕诗情，裁香剪味，因此陆游的茶诗情结，也是历代诗人中最突出的一个。

陆游的茶诗，涵盖的面很广，从诗中可以看出，他对江南茶叶，尤其是对故乡茶的热爱，几乎达到了痴迷的境界。他还自比诗中陆羽，“我是江南桑苎翁，汲泉闲品故园茶”。

陆游在诗中还对宋朝开始流行的“分茶游戏”作了不少的描述。分茶是一种技巧性很强的烹茶游戏，善于此道者，能在茶盏上用水纹和茶沫形成各种图案，因此，分茶也有“水丹青”之说。

陆游在诗中写道，他常与自己的儿子进行分茶，调剂自己的生活。陆游在《临安春雨初霁》一诗中吟道：“矮纸斜行闲作草，晴窗细乳戏分茶。”诗中表露的闲散心境，也间接地反映出在国家多事之秋，爱国志士被冷落的沉重的社会景象，也反映出南宋王朝的腐败和衰落。

当代文人——茶之文思催化剂

被称为“能够插入敌人心脏的匕首”的名作家鲁迅，也是一位茶爱好者。鲁迅自弃医从文，就把自己的全部精力投入到如何拯救广大民众的精神上来。而平日里，他经常是一边构思写作，一边悠然品茗。在他客居广州的时候，他就曾经这样赞叹：“广州的茶清香可口，一杯在手，可以和朋友作半日谈。”

因此，当年广州陶陶居、陆园、北园等茶居，都曾经留有鲁迅寻茶品茶的足迹。对品茶，鲁迅还有一套自己独到的见解：“有好茶喝，会喝好茶，是一种清福，首先就必须练功夫，其次是练出来的特别感觉。”

著名文人郭沫若从青年时代就喜爱饮茶，他不仅爱茶，而且还称得上是一位品茶行家，对中国名茶的色、香、味、形及历史典故都很熟悉。1964年，他到湖南长沙品饮高桥茶叶试验站新创制的名茶——高桥银峰，大为赞赏，挥毫写下了《初饮高桥银峰》诗：“芙蓉国里产新茶，九嶷香风阜万家。肯让湖州夸紫笋，愿同双井斗红纱。 脑如冰雪心如火，舌不怠来眼不花。协力免教天下醉，三闾无用独醒嗟。”

作家秦牧的故乡广东澄海县属潮汕地区，当地“功夫茶”的习俗名播中外。环境所致，他从小接触功夫茶，也练就了一身过硬的辨茶功夫。1967年夏至1970年秋，当时任《羊城晚报》副总编的秦牧与广州各报总编一起，被集中在广州一座干校接受审查，“老总们”都有饮茶习惯，有一天大家突发奇想，要对各自所带茶叶评出高低，结果一致推举了秦牧为评茶师。秦牧还写有《故乡茶事甲天下》等茶散文描述潮汕近乎传奇的茶俗，被广为传诵。

当代著名作家叶君健从年轻时起就爱好饮茶，在重庆大学教书时，常与友人去茶馆喝茶聊天，而且他特别喜欢品四川的沱茶。他说：“中国美好的东西太多，茶是其中突出的一种。它既高雅，又大众化。中国人的生活，除柴、米、油、盐、酱、醋以外，还必须有茶。”

齐白石赠毛泽东《茶具梅花图》

图为齐白石（1863—1957）所绘的《茶具梅花图》，收录于《毛泽东藏画精品集》中。

齐白石与毛泽东是湖南同乡。《茶具梅花图》是齐白石92岁那年，为感谢毛泽东主席邀请他到中南海品茶赏花畅叙同乡之谊，而特意创作的。

君不可一日无茶：帝王与茶

中国历代皇帝，大都有好茶之痴：有的嗜茶如命，有的好取茶名，有的专为茶叶著书立说，有的还给进贡名茶之人加官加爵。一位位所谓的真龙天子，为这大自然恩赐的片片绿色植物，给世人勾勒出形形色色的茶痴态。

乾隆与茶

火前嫩，火后老，惟有骑火品最好。
西湖龙井旧擅名，适来试一观其道。
村男接踵下层椒，倾筐雀舌还鹰爪。
地炉文火续续添，干釜柔风旋旋炒。
慢炒细焙有次第，辛苦工夫殊不少。
王肃酪奴惜不知，陆羽茶经太精讨。
我虽贡茗未求佳，防微犹恐开奇巧。

这是清代乾隆皇帝为西湖龙井茶作的《观采茶作歌》。乾隆皇帝一生风流倜傥、潇洒自在，曾经六下江南，而其中竟有五次为杭州西湖的龙井茶作诗，这就是其中的一首。

乾隆皇帝不但饮茶成癖，而且非常讲究品茶。他曾经笑谈四处周游，也是为了尝遍神州名茶，寻遍各地名泉。有一次，朝中的一位大臣进献了一份名茶，乾隆尝后，觉得其味甘醇爽滑，非同寻常，具有一股浓郁的兰花香气。于是他便很好奇地询问大臣是何地产出的茶叶。大臣回答："此茶发现于福建安溪南岩观音石下，其色褐绿，身重似铁，气香形美赛观音。"乾隆听了感觉甚妙，于是赐名为"南岩铁观音"。

除了对茶叶十分挑剔，乾隆皇帝对水也特别地看重。他在尝遍北京各处的泉水之后，觉得北京西郊玉泉山的泉水为泡茶最佳，并赐名为"天下第一泉"。从此每次出行的时候，都会有专人用车拉着玉泉山的水，随时准备给皇上泡茶用。这天，乾隆一行人来到了济南趵突泉，皇帝一尝，觉得其甘洌甚至胜过随身带的玉泉水，于是就把带来的泉水全部倒掉，改换为趵突泉水，并且亲自题写了"激湍"二字，刻在了泉边的石头上。

就这样，乾隆皇帝嗜茶成癖，笑谈自己"君不可一日无茶"，不但朝野尽知广为效仿，就连平常百姓家也跟着这股风纷纷喝起茶来。而历代皇帝之中，乾隆成为少有的高寿者之一，经常饮茶也是其中一个很重要的因素。

奢华的茶宴

乾隆在茶事中，以帝王之尊，穷奢极欲，倍求精工，什么排场都可以做得到。他首倡在重华宫举行的茶宴，豪华隆重，极为讲究。据徐珂《清稗类钞》记载："乾隆中，元旦后三日，钦点王公大臣之能诗者，宴会于重华宫，演剧赐茶，命仿柏梁体联句，以记其盛，复当席御诗二章，命诸臣和之，岁以为常。"他还规定，凡举行宴会，必须茶在酒前，这对于极为重视先后顺序的国人来说其意义是很大的。在乾隆六十年（1796年）举行的千叟宴，设宴八百桌，被誉为"万古未有之盛法"。与宴者三千零五十六人，赋诗三千余首。

康熙钦定"碧螺春"

康熙也是一位特别爱茶的皇帝。传说名茶"碧螺春"就是康熙赐予的名字。

相传产于太湖之滨峰石壁隙中的碧螺春茶叶是嫩绿色的，卷曲如螺形，茶香幽幽，飘忽不散，时浓时淡，似有若无。这样一味好茶，当地人却起名为"吓煞人香"。康熙皇帝在南巡的时候喝了这种茶后，感到十分惬意，只是觉得这么好的茶却用了一个粗俗的名字，有点煞风景，便想要给它换一个名字。

这天，康熙一边品茶，一边思考，很快就从过去读过的许多茶诗中得到启发，为它起了个"碧螺春"的名字。碧者，绿色也，茶叶是绿色的，茶汤亦是绿色的；螺者，螺旋也，茶叶卷着螺形；春，是指春茶。可以说，这名字既贴切典雅，又富有诗意。从此以后，碧螺春就成了贡茶，每年要采制相当数量进贡朝廷。

1971年美国国务卿基辛格来华访问的时候，周恩来总理就是拿碧螺春作为国礼，赠送给当时的贵宾的。从此，碧螺春不再是中国人的专有，它以自己的形美、色艳、香浓和味醇这四绝驰名中外了。

茶痴皇帝

宋徽宗赵佶在位的时候，不问朝政，却工于书画，通晓百艺。他身为九五之尊，没有给国家社稷留下半点儿安邦之策，却穷其一生，写了一部《大观茶论》。这本书洋洋洒洒，也有3000多字，从煮茶之法到藏焙之要，从饮茶之妙到事茶之绝，这本书一一详述。其中的很多论点，即便是在现代，也值得借鉴和研究。而御笔不批奏章写茶书，古今中外，可是再也找不到第二个了。

比起上边儿这位，明朝的开国皇帝朱元璋可要能干多了。朱元璋也爱茶，但他是因为在战事中，用茶治好了自己的刀伤。从此，他对罗山县灵山寺的灵山茶情有独钟。

有一次，朱元璋喝完寺院进献的灵山茶，龙心大悦，就将泡茶的厨师连升了三级的官衔。身边的随从心里很是嫉恨，嘟囔着小声议论："十年寒窗苦，何如一盏茶。"没想到这句话被朱元璋给听见了，不过他倒也没有生气，只是笑着接了一句："他才不如你，你命不如他。"

朱元璋的另一大贡献是"罢团茶，兴散茶"。据史料《万历野获编》记载，明代初年，各地进贡茶叶，其中建宁、阳羡进贡的茶叶为上品，当时沿袭宋代的做法，所有进贡的茶叶都要碾碎之后，揉制成大小不同的团状，即所谓龙团。

到洪武二十四年（1391）九月，朱元璋认为这种做法是浪费百姓的劳力，下令停止龙团制作，直接进献芽茶。芽茶分为四等，依次为：采春、先春、次春、紫笋。

禅茶一味：佛教与茶

2005年9月，台湾著名学者李敖来大陆探访北京法源寺，中国佛教协会副会长圣辉法师以一杯清茶待客，谓之“君子之交淡如水”。既礼貌周到，又体现出了佛门清净的风范。但是殊不知这普普通通的一杯茶，却早已和出家僧众相伴千年，中国茶道与佛教实在是有着千丝万缕不解的缘分。

佛教于公元前6—前5世纪创立于古印度，在两汉之际传入中国，经魏晋南北朝的传播与发展，到隋唐时达到鼎盛时期。而茶是兴于唐、盛于宋，创立中国茶道的茶圣陆羽，自幼就被智积禅师收养，在竟陵龙盖寺学文识字、习诵佛经，其后又与唐代诗僧皎然和尚结为“生相知，死相随”的缁素忘年之交。所以在陆羽的《自传》和《茶经》中都有对佛教的颂扬及对僧人嗜茶的记载。

引领饮茶新风尚

总的来说，佛教与茶的关系，是一个互相促进的过程。一方面，在现实生活中，茶帮助僧侣们静心养性，度过孤苦静谧的清冷寒夜；另一方面，众多寺院中僧侣们嗜茶的风尚，又同时促进了茶业的飞速发展。

佛教讲究“四大皆空”，每一个遁入空门的弟子，都会被要求放下尘世间的一切私心杂念，一心皈依无欲无求的佛祖怀抱。

唐朝封演所著《封氏闻见记》中就曾经说道：“南人好饮之，北人初不多饮。开元中，泰山灵岩寺有降魔师大兴禅教。学禅，务于不寐，又不夕食，皆许其饮茶，人自怀挟，到处煮饮。从此转相仿效，遂成风俗，自邹、齐、沧、棣渐至京邑城市，多开店铺，煎茶卖之，不问道俗，投钱取饮。”

佛教认为，茶有三德：第一德，是指助人保持头脑清醒。寂静的夜晚，总是容易让人思考较为深刻的人生，可是那时候哪里有香浓的咖啡提神，只有一杯略带苦涩之味的浓茶，不过这对于想要探究哲学奥秘的修道高僧来说，是再合适不过的饮品伴侣了。第二德，是指茶能帮助人消化。寺院中的僧侣们，平日里除去打扫庭院，抑或下山化缘，其他大部分时间基本都会花费在打坐上面。长期的静坐，其实非常不利于人的健康，而适当的茶饮，则有助于疏导胃部的积食。第三德，是指茶能够让人清心寡欲。空门中人讲究各种各样的戒律，俗话说“饱食思淫欲”，在心神不宁或者思绪杂乱的时候，来一杯浓浓的苦茶，或许让人能够领悟到“人生皆苦难”，而继续安心打坐只为“普度众生”。

品茗不忘种茶人

庐山，是一个盛产浪漫的地方，一场庐山恋让几代人都对它心驰神往；庐山，也是一个硝烟弥漫的地带，一次庐山会议让革命的眼光久久汇聚在它的身上。不过，除去这些令人瞩目的光环，庐山还是一个漫野飘香的茶园之地。

据《庐山志》记载，早在晋代，庐山上的“寺观庙宇僧人相继种茶”。而庐山东林寺法号慧远的得道高僧，就曾与田园诗人陶渊明，吟诗饮茶，叙事谈经，终日不倦。

蒙顶茶产于佛教圣地的四川蒙山。蒙山，古木参天，寺院罗列。天盖寺、永兴寺、千佛寺、静居庵等几十处寺院星罗棋布。寺院周围和道旁山间遍布茶园。蒙顶茶远在东汉时代，人们就称它为“圣杨花”、“吉祥蕊”，僧尼采制后奉献给地方官，从唐朝开始作为贡茶，一直沿袭到清朝，千年岁月，皆为贡品。历代许多名人学士写了不少称颂诗篇，如唐代李白诗句：“扬子江中水，蒙山顶上茶”，流传千古。

唐朝时期，由于皇帝对佛教的重视，所以全国的寺院数目非常惊人，有人形容是“三步一寺，五步一刹”，真的是一点儿都不夸张。当时的寺院经济很发达，有土地，甚至还有佃户，此所谓“天时”。因为佛家喜好清净，所以寺院又多建在深山云雾之间，正是适宜植茶的好地方，此所谓“地利”。寺院中的众多僧人大都有饮茶的爱好，远道而来的香客施主们来寺上香的时候，也希望能够喝杯好茶解除一路劳苦，所以寺院植茶也就成了水到渠成的事，此所谓“人和”。

就这样，几乎有寺院香火点燃的地方，就会有淡雅的茶飘香。庙里的寺僧除了必需的修行功课之外，也会从事生产劳动，负责种茶、制茶的工作。他们在工作中研究、探讨了种种茶叶制作、栽培等技术，而在品饮茶叶之余，也会附庸风雅，借诗文、写作来歌颂饮茶生活，将如何泡好茶、喝好茶的心得抒发出来，给后人留下了不少传世的佳作。

茶禅相映

扬州八怪之首郑板桥，曾经有一副对联写得非常巧妙：“从来名士能萍水，自古高僧爱斗茶。”僧人们不只饮茶止睡，而且通过饮茶意境的创造，把禅的哲学精神与茶结合起来。

在这方面，茶圣陆羽的毕生挚友僧人皎然就作出了杰出贡献。皎然虽然削发为僧，但是一生都热爱作诗喜好饮茶，所以号称“诗僧”，同时又是一个“茶僧”。说来这对好友的命运身世还有一些同病相怜，皎然出身于没落世家，幼年出家，专心学诗。

“一饮涤昏寐，情思朗爽满天地”，“再饮清我神，忽如飞雨洒轻尘”，“三饮便得道，何须苦心破烦恼”。皎然认为烦恼其实是属于生命的自然产物，如果非要故意去破除烦恼，便不是佛心了。

而“静心”、“自悟”则是禅宗主旨，姣然把这一精神贯彻到中国茶道中，希望通过饮茶把自己与山水、自然、宇宙融为一体，在饮茶中求得美好的韵律，精神开释，这与禅的思想是一致的。中国化的佛教，主张“顿悟”，你把事情都看淡些就是“大彻大悟”。在茶中得到精神寄托，也是一种“悟”，所以说饮茶可得道，茶中有道，佛与茶便连接起来。

佛引茶花墙外香

对中国茶文化发展史比较熟悉的人都知道，第一个从中国学习饮茶，并且把茶种带回日本的人，就是日本的一个留学僧人，名字叫做最澄。最澄在公元805年将茶种带回日本后，就将茶种种在了比睿山麓。

而第一位将中国的禅宗茶理带到日本的也是一位僧人，即宋代在中国学有所成的荣西禅师。公元1189年日本荣西禅师来我国研究佛教，走遍浙江名胜和寺庙，归国时也带回茶籽，在日本传授种茶技术，极力提倡饮茶。后来，荣西禅师回到日本以后，还写了一本名为《吃茶养生记》，主要讲了茶的养生作用，从此有了“茶禅一味”的说法。

佛教的禅宗认为，参禅时需要有一颗平常心，无妄无欲。而茶的性情本就非常的平和，其香气也是淡雅含蓄，让人在细品慢啜之间，回味持久，内心宁静，归于平和，这些特性与参禅悟道所秉持的心态有异曲同工之妙。同古人讲：“禅让僧人有一颗平常心，而茶给茶人以一颗平常心。”日常生活中最平凡不过的是“茶”，与佛教中最重要的精神——“悟”结合起来，作为禅宗的“悟道”方式，升华出“禅茶一味”的至高境界。

茶联四幅

茶笋尽禅味，松杉真法音。——苏东坡

一勺励清心，酌水谁含出世想，

半生盟素志，听泉我爱在山声。——招隐寺内

四大皆空，坐片刻不分你我，

两头是路，吃一盏各走东西。——洛阳古道一茶亭所书

一卷经文，苕霖溪边真慧业，

千秋祀典，旗枪风里弄神灵。——上饶陆羽泉联

天人合一：道家与茶

佛教强调“禅茶一味”，以茶助禅，以茶礼佛，在从茶中体味苦寂的同时，也在茶道中注入佛理禅机，这对于很多爱茶之人来说，是一种以茶道为修身养性的途径，可以在不十分刻意的情况下，达到明心见性的目的。

而与佛教几乎并称大名的还有道家，道教传说是太上老君李耳的发明杰作，他的学说为茶道注入了“天人合一”的哲学思想，树立了茶道的灵魂。同时，道家学说还提供了崇尚自然、崇尚朴素、崇尚真理的理念，以及重生、贵生、养生的思想。

我们现在总是说要响应党的号召，说是要建设和谐的社会主义国家，其实这“和谐”二字，早在中国古代就已经存在了。在中国传统文化当中，人们一向都十分强调人与自然的协调、统一。而在品味茶香淡雅的时候，很多爱茶者也把老庄的“天人合一”、“物质与精神统一”引入到了茶道的理念之中。

明代优秀茶学家朱权（1378－1448）在他的著作《茶谱》中就曾经明确地指出：首先茶是契合自然之物，“天地生物，各遂其理”，茶能够被华夏儿女的祖先神农氏所发现，自是有它的道理，有一种宿命论的感觉；其次，茶是养生的媒介，饮茶并不主要是为了解渴，人们饮茶的大部分目的其实是为了“探虚玄而参造化，清心神而出尘表”。而这两条，也正是道家茶文化的主要思想。

明·丁云鹏《煮茶图》

陆羽：关注茶的精神世界

“茶圣”陆羽不仅花费一生研究了茶的各种物质功能，还潜心研究了品茶的精神内涵。在陆羽的眼中，制茶、烹茶、品茶本身不止是一项分工明确的体力劳动，更是一种能够修身养性、陶冶情操的艺术活动。

这项活动不但富有美感、意境，还富有哲理。就拿陆羽创造的茶艺程序来说吧，几乎每一个环节都充满了美感。比如在烹茶的环节，表演者既能够让赏茶人观察到水、火、风等自然的力量，又可以体会到物质变化中的美景与玄机。

或许在旁人眼里，煮茶不就是得耐着性子等泡沫吗？有什么美可以看呢？但是陆羽则不然，他能够在简单的变化中享受情趣。陆羽在自己的《茶经》中这样形容煮茶时所看到的变化，他说：“华之薄者曰沫，厚者曰饽，细轻者曰花，如枣花漂漂然于环池之上。又如回潭曲渚，青萍之始生；又如晴天爽朗，有浮云鳞然。其沫者，若绿钱浮于水渭，又如菊英堕于尊俎之中……重华累沫，皤皤然若积雪耳。”

苏轼：汲江煎茶尽在心

宋代大文学家苏轼也是一名饮茶爱好者。苏轼的一首《汲江煎茶》，就是把整个汲水、烹茶的过程与自然相结合，谱写出了一幅美妙又引人深思的自然图景来。

活水还须活火烹，自临钓石取深情。
大瓢贮月归春瓮，小杓分江入夜瓶。
雪乳已翻煎处脚，松风忽作泻时声。
枯肠未易禁三碗，坐听荒城长短更。

从诗的第一句，我们就可以看出来，诗人喝茶还是很讲究的，想要喝茶就要亲自去江边取水。诗人临江煮茶，让人感受到的不仅仅是江水的情意，更是那身旁炉中盎然的生机。诗人愿意亲自到钓石下取水，取出来的不仅是水，更是大自然的款款深情。

如诗的第二句，舀出来的不仅有甘甜江水，更有那皎洁的天上明月。一时间，春瓮里摇动的又岂止是一壶白水，更有那诗人怡然自得的浪漫情怀。读者看了都不禁遥想当时的情境。

而诗的后两句，更是让人的感情一下子从自然回到了人间。不论是天上的明月，还是江中翻滚的波涛；不论是瓮中翻滚的茶汤，还是山间汹涌的松涛；一切大自然的神情，都在诗人的眼中读出了感恩。而这样朴素而又淳朴的情感，也让诗人能够平静地对待荒城的人情冷暖。

短短几句诗，茶道中“天人合一”的精神就被描绘得淋漓尽致。

茶道哲理，无关性别

俗话说“小隐隐于山，大隐隐于市”。在很多道家的思想家当中，“避世”其实是相对的。他们不认为人可以完全地脱离红尘，只是希望自己能够多些可以自己主宰的选择。

在道教的思想家中，同时对茶道中也非常精通的要算南朝齐梁时期的陶弘景了。陶弘景生于466年，字通明，号华阴居士，丹阳秣陵人，也就是今天的南京人。

陶弘景曾经在仕途中有过非常好的发展，最高的官位做到过左卫殿中将军。后来，陶弘景自己盖了一栋三层小楼，隐居起来，就连当时的武梁帝亲自派人来请他下山，都不再出来。不过，这并不代表陶弘景从此不问世事了，每当武梁帝有什么要事难以解决之时，还是免不了派人去陶家请教，所以陶弘景又被后人称之为“山中宰相”。

陶弘景在医药学方面很有成就，曾经整理过古代的《神农本草》一书，并且还亲自搜集了魏晋时期很多民间的新药，将之汇编成为《本草经集注》七卷，一共记载了730种药物。他在《桐君采药录》中的注解内，详细描述了西阳（今湖北黄冈）、武昌、庐江（今安徽合肥）、晋陵（今江苏武进）等地所产的好茶。

在茶道中，怎么能少了温婉的女人味呢？唐代著名道家女茶人李冶，又名李季兰，出身名儒，却因家中不幸最后做了女道士。李冶不但能够弹得一手好琴，还特别擅长写格律诗，在当时的文人圈子里是颇有名气的。据说，陆羽幼年就曾经被寄养在了李家，所以李冶与陆羽的交情很深。后来，她在太湖的小岛上孤居，陆羽还亲自乘小舟去看望她。天宝年间，皇帝听说民间有这么一位才情高的女诗人，还曾召她进宫，款留了一段时间，赏赐了不少东西。

而在德宗时期，陆羽、皎然在苕溪组织诗会，李冶也是一个重要成员。李冶本是个才华横溢，喜欢谈笑风生的人，但是即便是巾帼英雄，到晚年了也是需要旁边有个人嘘寒问暖的，只可惜寻寻觅觅中，这位茶诗才情兼具的女诗人，最后的生命时段却是处境凄凉。她有《湖上卧病喜陆鸿渐至》诗云：

昔去繁霜月，今来苦雾时。
相适仍卧病，欲语泪先垂。
强劝陶家酒，还吟谢客诗。
偶然成一醉，此外更何之。

老友相逢，强颜欢笑，心境却十分凄苦，这算是后话了。

执著于“道”，追求于“真”

道家讲究“天地与我并生，而万物与我唯一”，所以在杂糅了道家思想的中国茶道，其包含的“人化自然”的渴求就给人感觉特别地强烈。这种情绪在文人墨客们的身上，自然表现得格外明显，他们在品茶之时追求一种寄情于山水，忘情于山水的“天人合一”的境界。很多诗人也在这种情感的熏陶下，写出了很多脍炙人口的佳句。

如元好问的《茗饮》，就是一首契合了自然与小我的绝妙诗句。

宿醒来破厌觥船，紫笋分封入晓前。
槐火石泉寒食后，鬓丝禅榻落花前。
一瓯春露香能永，万里清风意已便。

邂逅化胥犹可到，蓬莱未拟问群仙。

诗人一觉醒来，用槐枝取火，拿石泉水煎茶，看着座榻旁的满地落花细细品味茶香。一杯宛如春露一般的香茗，在诗人心中似乎就能够永久留香；而那周围的万里清风，则于无声中送诗人梦游化胥国，并且还羽化成仙，与一群神仙漫游蓬莱三山。

或许，只有茶人自己有一颗“天性自然”的心，才能够达到“人化自然”的境界，也才能够化自然的品格为自己的品格，从一壶沸水茶香中，聆听到大自然的真切呼吸与召唤。

对茶境的人化，平添了茶人品茶的情趣。如曹松品茶“靠月坐苍山”，郑板桥品茶邀请“一片青山入座”，陆龟蒙品茶“绮席风开照露晴”，李郢品茶 “如云正护幽人堑”，齐己品茶“谷前初晴叫杜鹃”，曹雪芹品茶“金笼鹦鹉唤茶汤”，白居易品茶“野麝林鹤是交游”，在茶人眼里，月有情、山有情、风有情、云有情，大自然的一切都是茶人的好朋友。

诗圣杜甫的一首品茗诗写道：

落日平台上，春风啜茗时。
石阑斜点笔，桐叶坐题诗。
翡翠鸣衣桁，蜻蜓立钓丝。
自逢今日兴，来往亦无期。

全诗情景交融、动静结合、声色并茂、虚实相生。

清・吴昌硕《品茗图》

图为吴昌硕（1844—1927）所绘的《品茗图》。

吴昌硕爱梅也爱茶，常将茶与梅作为题材，造成奇特的意境。他曾在一首题梅诗的最后两句写道："请君读画冒烟雨，风炉正熟卢仝茶"，可谓奇境别开。

在这幅《品茗图》中，一丛梅枝斜出，生动有致；茶壶、茶杯则以淡墨出之，充满拙趣，与梅花相映照，更显古朴雅致。"梅梢春雪活火煎，山中人兮仙乎仙"这句题诗则表达了作者希望摆脱人间尘杂，与二三子品茗赏梅，谈诗论艺的内心世界。

无独有偶，宋代大诗人苏东坡也有一首把茶拟人化的诗：

仙山灵雨湿行云，洗遍香肌粉未匀。
明月来投玉川子，清风吹破武林春。
要知冰雪心肠好，不是膏油首面新。
戏作小诗君莫笑，从来佳茗似佳人。

正因为道家“天人合一”的哲学思想被融入了茶道精神之中，中国茶人心里充满着对大自然的无比热爱，有着回归自然、亲近自然的强烈渴望，所以中国茶人才最能够领略到“情来爽朗满天地”的激情，以及那种与大自然“物我玄会”的绝妙感受。

中国人不轻易言“道”，但是一旦论道，就会执著于“道”，追求于“真”。一个“真”字，就是中国茶道的起点，同时也是中国茶道的终极追求。

茶情茶趣：红楼与茶

作为中国古典四大名著之一的《红楼梦》对中国文化的发展影响深远。鲁迅先生说："单是命意，就因读者的眼光而有种种：经学家看见《易》，道学家看见淫，才子看见缠绵，革命家看见排满，流言家看见宫闱秘事。"

其实，这样记录了家族兴衰的一本书，我们从很多细节都能够受益良多。在曹雪芹的笔下，《红楼梦》中被精细描绘的茶事，据大略统计，关于茶文化的描绘共有55处，前八十回43处，后四十回12处。这些生动的描绘极大地丰富和充实了我国茶文化的内容。这些描述充分表明了我国茶文化的发展在当时已经日臻成熟，饮茶也成为了当时贵族日常生活里不可或缺的重要环节。

贾母："我不吃六安茶"

中国茶类的名目繁多，即便是同一品种也总是会被细分为多种茶品，因此，在民间，就有"茶叶学到老，茶名记不了"的一句俗语。而且，中国的国土非常广博，不同的地理环境往往会产生不同的文化习俗，人们的饮茶习惯也就会有所不同。所以古人也常说：

“千里不同风，百里不同俗”。

在曹雪芹的笔下，《红楼梦》里的贾府可算得上名副其实的京中望族，“钟鸣鼎食”、“诗礼簪缨”。这样的大户家族，在对待饮茶的问题上，自然也是讲究颇多，不同于普通的平民百姓之家。而贾母身为这个大家族的实权掌控者，更是对很多生活细节讲究至极。譬如，在小说中的第四十一回“品茶栊翠庵”中，贾母在和刘姥姥等一行人饮茶之时，就说了“我不吃六安茶”。

这“六安茶”是属于不发酵的一种绿茶，主要是产于安徽省六安县霍山地区。明人屠隆在《考盘余事》中曾经列出当时最为人称道的茶的六品，即“虎丘茶”、“天池茶”、“阳羡茶”、“六安茶”、“龙井茶”、“天目茶”。“六安茶”列为六品之一，以茶香醇厚而为很多茶人喜欢。后来叶挺将军就特别喜欢“六安茶”，周总理在临终之时，心里念叨的也是这种茶。

在《红楼梦》诞生的时代，“六安茶”与西湖龙井茶同属天下名茶，并且都是进献上头的贡茶，所以应该是很受重视，也是很能体现身份的一种名茶。但是，为什么贾府的老祖宗贾母会这么不喜欢呢？

有人总结原因，有两点：第一，贾府在北方，所以一直都习惯饮用花茶或者是红茶，而“六安茶”是属于南方的绿茶。并且，六安茶香气高长，滋味醇厚，且耐冲泡，但贾母为养尊处优的贵夫人，饮食以清淡为主，品茗淡薄量微。而老君眉茶形细长如眉，银毫显露，寓意长寿，其味淡雅，正合贾母之意。所以，贾母并不是排斥六安茶，也不是六安茶不好，而是属于生活习惯方面的原因；第二，贾母平日里也算饮茶高手，对很多名茶的品性很是了解。

文中说“我们才都吃了酒肉”，此时油腻太重，如果立马喝绿茶，就会容易引起消化不良，或者闹肚子。所以，同样也精于茶道的妙玉才会说：“知道，这是老君眉。”“老君眉”，与“六安茶”不同，它是属于发酵的红茶中的一种，其品质特点是汤色鲜亮，香馥味浓。这是清代颇为时兴的茶叶，时人又称此茶为“寿眉”。

所谓“老君”者，顾名思义，也就是“寿星”也。妙玉为贾母一行人备下的“老君眉”，既有茶理上“吃油腻”不宜饮绿茶的原因，同时也有恭维、讨好“老祖宗”的心理，可见她的聪明乖巧。

煎茶用水不一般

茶道讲究色、香、味、器、礼，而煎茶所用的水则又是色、香、味三者的体现者。因此，自品茗进入人们的生活和艺术领域之后，人们对烹茶所用的水的认识和要求就更前进了一步。

除了茶圣陆羽在自己的茶学专著《茶经》中曾经详细讲解煎茶用水的知识外，比他时代稍晚的张又新，也是收集了不少有关煎茶用水的资料，后来还编成了一部专门讲究用水的专著《煎茶水记》，成为《茶经》的续篇。

明人许次纾在《茶疏》中也曾写道：“精茗蕴香、借水而发，无水不可与论茶也。”张大复在《梅花草堂笔谈》中也说到茶与水的关系。他说：“茶性必发于水，八分之茶，遇十分之水，茶亦十分矣；八分之水，试十分之茶，茶只八分耳。”所以同是爱茶之人的徐珂在《清稗类钞》“饮食类”中，才有了“烹茶须先验水”之说。

在《红楼梦》中，不但每个人喝茶的茶品有讲究，就连对煎茶用到的水，都是被描绘得不一般呢。在文中，贾府煎茶，一般都是用雨水或者是雪水。

在第四十一回中，有这样一段描写：

> 贾母接了，因又问是什么水。妙玉笑回："是旧年蠲的雨水。"贾母便吃了半盏，笑着递与姥姥说："你尝尝这个茶。"刘姥姥便一口吃尽，笑道："好是好，就是淡些，再熬浓些更好了。"贾母众人都笑起来。

而在后续的第一百一十一回中，妙玉到四小姐惜春处时见惜春可怜，便留她暂住，两个可怜人儿边下棋边饮茶，也是用雨水煎的茶。

同是在第四十一回，曹雪芹借妙玉之口，描写雪水煎茶的妙处，也被后人称为《红楼梦》里论茶最精彩的一段文字：

> ……妙玉执壶，只向海内斟了约一杯。宝玉细细吃了，果觉轻浮无比……黛玉因问："这也是旧年蠲的雨水？"妙玉冷笑道："你这么个人，竟是大俗人，连水也尝不出来。这是五年前我在玄墓蟠香寺住着，收的梅花上的雪，共得了那一鬼脸青的花瓮一瓮，总舍不得吃，埋在地下，今天夏天才开了。我只吃过一回，这是第二回了。你怎么尝不出来？隔年蠲的雨水那有这样轻浮，如何吃得。"……

一色官窑脱胎填白盖碗

中国还有一句俗语，叫做“民以食为天”，所以很多时候，中国人喜欢从吃喝中发现不同角度的审美情趣。而古诗之中“葡萄美酒夜光杯”，又形象地说明了自古至今都有“美食配美器”之说。

茶道自然也不例外。

茶圣陆羽就曾经在自己的《茶经》中，对饮茶用具列了多达有24种，即：风炉、莒、炭挝、火策、鍑、交床、夹、纸囊、碾、罗合、则、水方、漉水囊、瓢、竹夹、鹾簋、熟盂、碗、畚、札、涤方、滓、方、巾、具列。以至于后来在唐代封演的《封氏闻见记》中，就曾经这样转述：“陆羽‘说茶之功效并煎茶、炙茶之法，造茶具二十四事，以都统笼储之，远近倾慕，好事者家藏一副。’”

而在宋朝以后，人们对饮茶器具也更加讲究，不仅在功用、外观、造型上要求十分严格，而且在质地上也由陶瓷发展成为玉器、金器，“士大夫家有之，置几案间，”一时间，对各种精美茶器的追逐收藏，几近相沿成风，更是日趋奢华，实在是有违当初陆羽对茶“品性实俭”的论断。

在《红楼梦》第四十一回里作者除了在煎茶用水上花了一番心思外，茶具也写得十分精彩。

> 只见妙玉亲自捧了一个海棠式雕漆填金云龙献寿的小茶盘，里面放了一个成窑五彩小盖钟，捧与贾母……然后众人都是一色官窑脱胎填白盖碗。

而接下来的一段文字则写得更加细致，也更有风趣：

> 又见妙玉另拿出两只杯来。一个旁边有一耳，杯上镌着“瓟斝”三个隶字，后有一行小真字是“晋王恺珍玩”，又有“宋元丰年四月眉山苏轼见于秘府”一行小字。妙玉便斟了一斝，递与宝钗。那一只形似钵而小，也有三个垂珠篆字，镌着“点犀盉”。妙玉斟了一盉与黛玉，仍将前番自己常日吃茶的那只绿玉斗来斟与宝玉。宝玉笑道：“常言‘世法平等’，他两个就用那样古玩奇珍，我就是个俗器了。”妙玉道：“这是俗器？不是我说狂话，只怕你们家里未必的找出这么一个俗器来呢。”

在拜读完这样的章节之后，很多爱茶者还专门寻找过妙玉手中的那件茶具，不过翻遍古今中外的茶具谱，总是找不到一件可与妙玉所用的茶具相媲美的，这也实为很多爱茶之人心中的憾事。

凤姐借茶点破窗户纸

“以茶论婚嫁”，这一风俗在唐代最为风行。不仅仅在很多少数民族之中，人们往往要以茶订亲，以茶订情，就连皇帝的女儿文成公主，在当初下嫁松赞干布时，也是只身入藏以茶陪嫁。

清人福格《听雨丛谈》中说：“今婚礼行聘，以茶叶为币，满汉皆然，且非正室不用。今八旗纳聘，虽不用茶，而必曰下茶，存其名也。”可见，茶不但能够撮合一段好姻缘，还在某种程度上暗喻着女人嫁入夫家之后的身份地位，自然不容人小觑。

而《红楼梦》中宝玉跟黛玉的感情戏，也历来都是浪漫读者魂牵梦萦的部分。

所以在第二十五回，两个人的感情很快被凤姐借茶调侃了一番。前一段说宝玉被贾环用蜡烫了脸，黛玉于是也总不出门，“倒时常在一处说话儿”，而碰巧一日黛玉去怡红院，遇到了凤姐等一干人都在，于是凤姐问起日前赠茶之事，书中是这么写的：

> 林黛玉听了笑道：“你们听听，这是吃了他们家一点子茶叶，就来使唤人了。”凤姐笑道：“倒求你，你倒说这些闲话，吃茶吃水的。你既吃了我们家的茶，怎么还不给我们家作媳妇？”众人听了一齐都笑起来。

王熙凤之所以会这样说，就是因为她知道当时的社会习俗有“订亲茶”之说。旧时女子受聘叫“吃茶”。王熙凤说“你既吃了我家的茶”，意思就是女方已然接受了婚约。难怪羞得林黛玉红了脸，回过头去，不再说话了。

清·李方膺《梅兰图》

图为李方膺（1695—1754）所绘的《梅兰图》。在这幅《梅兰图》中，画家于梅、兰之外，以寥寥数笔，勾勒出古拙素朴的茶壶、茗碗，并题跋云："峒山秋片茶，烹惠泉，贮砂壶中，色香乃胜。光福梅花开时，折得一枝归，吃两壶，尤觉眼耳鼻舌俱游清虚世界，非烟人可梦见也。"茶好、水灵、具精，它们在画师的笔下茶已不仅仅是茶，而成为文人士大夫不入浊流、高洁自守的品格象征了。

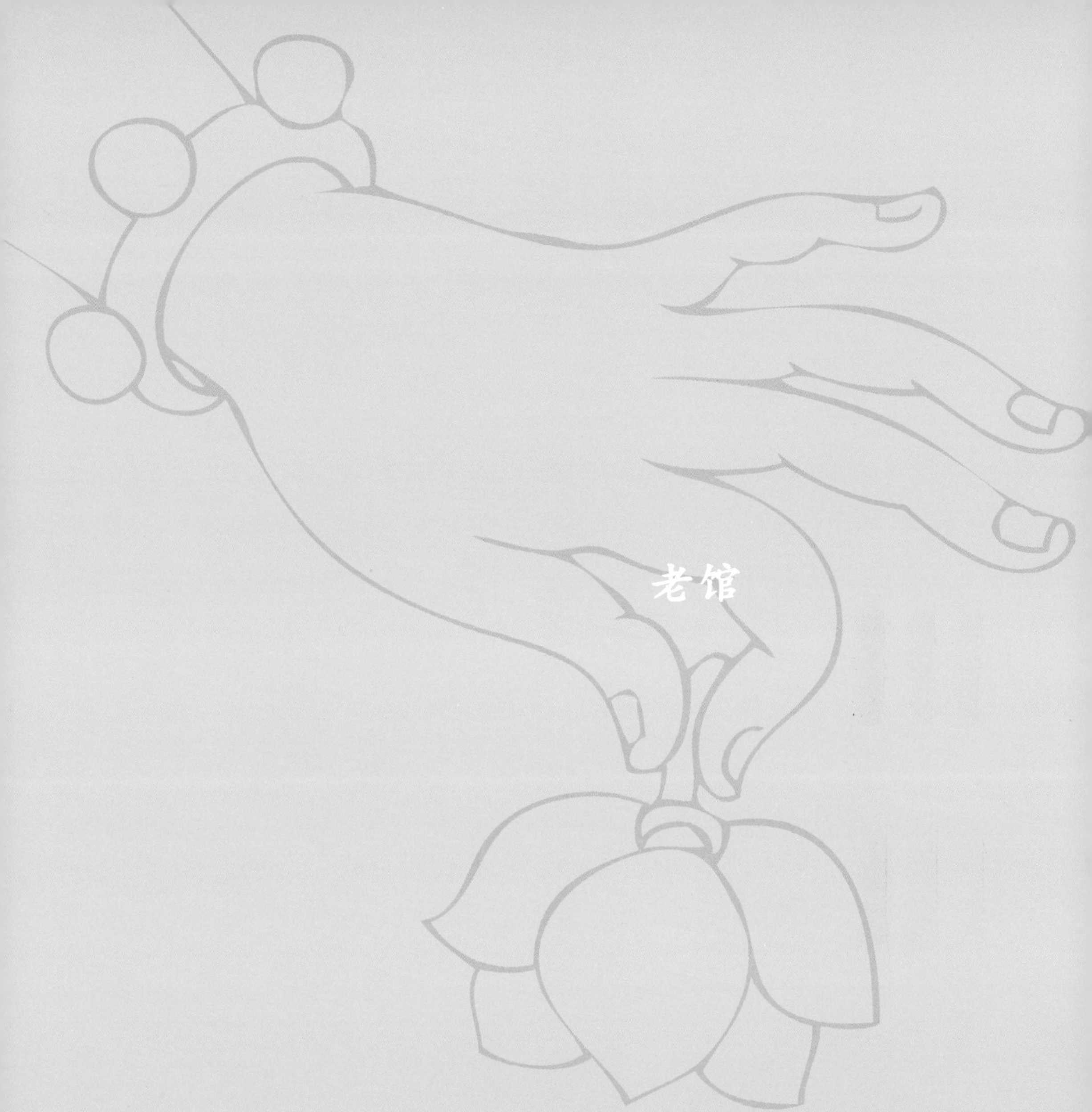

作家老舍在评价自己的代表作《茶馆》时，曾经这样说，茶馆，在某种程度上就是一个小型社会。

茶叶的历史几乎可以追溯到远古时代，但是茶馆兴盛的开始，却远没有那么久远。那么茶馆在中国，又是在何时开始登上历史舞台的呢?

西晋有一位诗人，名字叫做张载，他曾经做过这样一首《登成都楼》。诗中说道："芳茶冠六清，溢味播九区"，描写的就是两晋时期民间的茶店风情。

虽然茶馆在很早就走入了平常百姓的世界，但是谈到真正地在民间流行开来，逐渐融入进人们的生活，还是要从唐朝开始算起。自从唐代陆羽所著的《茶经》问世，茶的饮用就开始流传于市井之间。

而到了宋朝，随着饮茶文化的普及，茶馆的数量也逐渐开始增多。南宋时期有一本《梦粱录》，就记载了当时的杭州是"处处有茶坊、酒肆"……

直到明清之际，茶馆作为一个公共的饮茶场所，才逐渐开始兴盛起来。而清朝，则几乎可以称得上是茶馆最为兴盛的时代。

清朝茶馆只是当时少有的公共的休闲活动场所之一，于是市民们经常在饭后闲时来茶馆小坐。各种各样的茶馆、茶肆以及茶档，如雨后春笋般迅速发展起来。

也是从此时起，茶馆开始成为普通百姓日常生活的重要活动场所。在茶馆，人们既可以饮茶休闲，还可以会友小聚，经常能够看到诗人在这里吟诗作对，也有各行各业的商人在此讨价还价。

根据史料记载，一直到清朝末期，仅在北京城内有规模的茶馆就多达数十家。而在上海，多达六十多家。除此之外，即使是在一些小城市或者乡野林间，由于环境隐秘性的优势，茶馆的发展也是毫不逊色。再就是在风景比较秀丽的江南苏浙一带，即使是只有数千家住户的小城镇，也都隐藏着上百家的茶馆，这个数据毫不夸张，茶馆在当时受欢迎的程度可见一斑。

小地方的茶馆，一般都有固定的常客，或者是慕名而来感受清净的客人。而在一些大都市的难以计数的茶馆，即使是到深夜了也仍然是茶客云集，热闹非凡。

茶馆的几个别称

茶馆即专门饮茶的去处，是社会上饮茶相当发达时才产生的一种文化现象，叫法也是五花八门：茶馆、茶楼、茶社、茶坊、茶室、茶肆、茶棚、茶园、茶寮、茗坊等等，很多茶馆还带有其他的功能，如打牌、听戏、零食等。只饮茶的是清茶馆，备有棋类的可叫做“手谈”馆，还有猜谜语的“笔谈”馆。在北京，兼卖茶与酒饭的又叫“二荤铺”。

很多茶馆有很好听的名字：陆羽茶馆、云来茶楼、香茗居、仙来茶楼等。

北京茶馆

北京是集政治中心与经济中心为一体的宝地。而在这样的繁华都市，人们的茶艺生活也十分丰富，各色的茶馆百花齐放，各类的茶品一应俱全。

茶馆不像紫禁城属于皇宫禁地，也并非只是达官贵人们的内院。在北京，茶馆更像是一处兼具有多种功能的饮茶场所。身处老北京茶馆，绝对能够让人感受到市民气息很浓的茶文化，眼神掠过之处，也无处不充满着中国传统文化的情调。

文化气息浓郁的书茶馆

老北京从前一直都有很多书茶馆，在这种茶馆里，饮茶只是一种媒介，或者说是一种手段，听评书才是人们来此的最主要的内容。

在老北京书茶馆，开书以前是卖清茶的，也为过往行人提供歇息之处。但是一旦开场后，饮茶便与听书结合，一般都不会再单独接待单个的客人。一般的茶馆装饰比较简陋，而一些著名的书茶馆布置却十分讲究，有藤椅藤桌，有木椅木桌，还有些在墙上挂有字画，营造听书的气氛。评书最早流行于老北京天桥一带的书茶馆，主要是曲艺表演，如梅花大鼓、京韵大鼓、北板大鼓、唐山大鼓、梨花大鼓等。

从20世纪30年代起，在老北京，人们嘴里常说的对白是：“二哥，您上哪儿去啊？”“我到胡同里头茶馆儿听书去啊！”

那时候的书茶馆，并没有如今这般讲究，无非是在房檐上挂着几块半尺来长的小牌子，上面写的全是茶馆里可以供应的茶品名称，有“雨前”、“龙井”、“雪蕊”、“毛尖儿”等。

而里边的设施，比起如今的古色古香，更是简陋之极，都是些普普通通的长桌板凳，甚至连油漆都不曾刷上过。但是那时候的民风也很淳朴，人与人之间的感情远没有如今这般复杂。因此，几个陌生人坐在一起品茶听书，是再普通不过的事情了。

艺人醒木一拍，茶店的小伙计就会拿起小笸箩四处收钱。那时候人们业余生活很单调，茶馆里各路人马也比较杂乱，什么样的角色都有可能出现。

据说，写出《金粉世家》的大作家张恨水，就是时常去这样的书茶馆体验生活，为自己的本子寻找素材。这不禁也让人想起有过相似经历的另一位作家蒲松龄。为了写出更加鲜活的鬼狐故事，蒲松龄就曾经在路旁大树下免费为赶路的过客提供茶水，只为能够多听几个故事，充实自己的素材库，由此后人才看到引人入胜的《聊斋志异》。

虽然听书在现在是一种非主流的娱乐，但是，更多的人还是相信，不管时代如何发展，说书还是会像中国的国粹京剧一样，精神内涵永远不会消失。

香气扑鼻的大茶馆

在过去北京的饮食业中，除去寻常的饭馆，茶馆也是主要部分。茶馆一般分为“大茶馆”与“二荤铺”两种，具体来说，门内有铜搬壶的为大茶馆，无铜搬壶的为二荤铺。

过去北京的每个大茶馆的面积都非常大，在有的大茶馆经营不下去的时候，会被改装成为市场或者是电影院。

大茶馆之所以流行一时，是因为它既便宜又方便。如果你在茶馆喝茶到了饭点，想要回家吃饭，可是却不希望回来后再付一次茶钱，就可以将茶碗扣在桌子上，然后告诉店小二一声。等到你吃完饭，或者办完事情回来以后还可以继续品茶。

这是因为在当时大家都是拿盖碗喝茶，一包茶叶可以分为两次使用，这样，茶钱就可以一天付一次，一枚铜元就可以换得十天的茶资。而且在这样一个鱼龙混杂的地方，有机会大过耳瘾，实在是工作之余打发时间的好去处。

大茶馆以其附设服务项目划分，又有红炉馆、窝窝馆、搬壶馆等类。

“红炉馆”，因为铺子里有红炉而得名，专门制作满汉饽饽，只是馆里做的饽饽比起饽饽铺里所做的个头稍小，但是价格也会稍微便宜一点。在红炉馆里，店家更擅长的是满洲饽饽，即旁人口中所谓的鞑子饽饽。

不过，据一些过来人说，在大茶馆当红炉学徒，要比在饽饽铺更难。大茶馆红炉能做大八件，小八件，大饽饽，中饽饽，最奇特的是师傅们可以拿“杠子饽饽”用硬面做成长圆形，甜咸的口味都有，深受人们喜爱。

“窝窝馆”是专门做点心的，有名的有“江米艾窝窝”，品种繁多，让大人小孩爱不释手。比方说炸排叉、糖耳朵、蜜麻花、黄白蜂糕、盆糕、喇叭糕等，至于闷炉烧饼，是各种大茶馆所共有的，也算得上是大茶馆里的特色了。

而搬壶馆，则是介于红炉、窝窝两馆之间的一种大茶馆，也在卖茶的同时出售闷炉烧饼，炸排叉等两三种点心。

二荤铺呢，是一种既卖清茶，又卖酒饭的铺子。二荤铺有一种北京独有的食物，就是“烂肉面”，形如卤面，卤汁作料不十分齐全，可是却有一种特别的风味，妙在汁较卤淡，不用肉片。

与时俱进的北京茶馆

在快节奏生活的驱使之下，很多茶馆也开始推陈出新，希望能够吸引住更多的眼球，与时俱进的北京茶馆也不落人后。

退休在家的老人们，大多都喜欢下棋。无论是在公园里的亭子里，还是在小区街旁的大树下，三五成群的老人们经常相聚在一起琢磨下棋。但是，这种露天的棋牌室，实在是有些简陋，冬冷夏热。因此，在北京，就有了很多专门供茶客下棋打发时间的“棋茶馆”。

除了下棋，还有很多年轻人喜欢旅游，春天去踏青，夏天去观荷，秋天去赏红叶，冬天还可以去西山观雪景。于是，北京的郊区又应运而生了很多“野茶馆”，在交通十分方便的今天，那也是很多人喜欢开车前往的好去处。

在生活水平提高之后，很多喝茶的人还特别注重茶馆的环

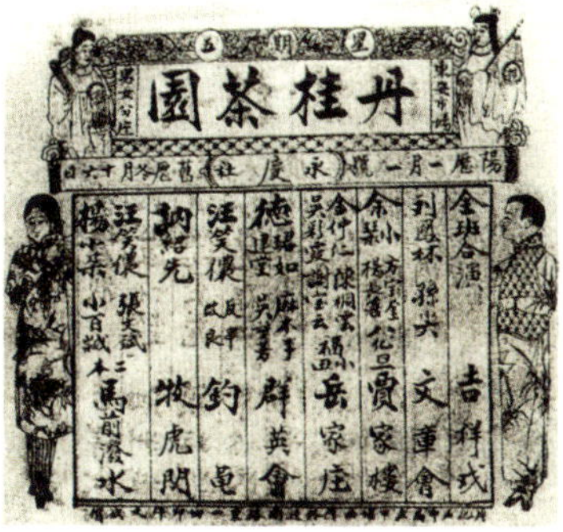

1

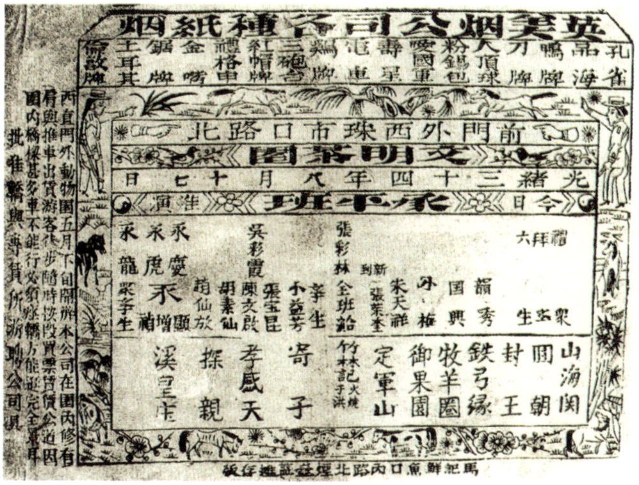

2

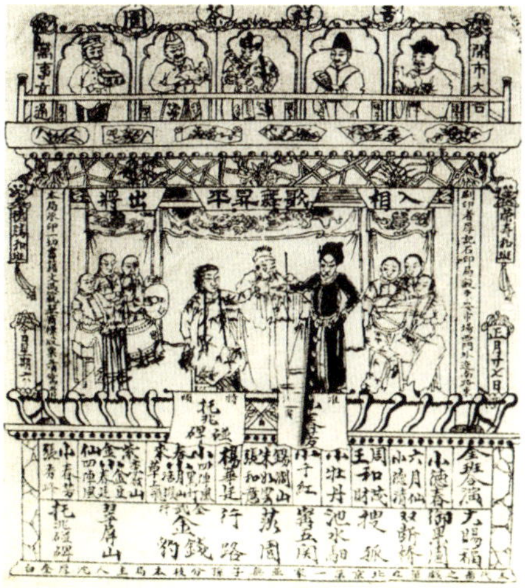

3

1-3 民国时期北京、天津茶园戏单

图为民国时期的茶园戏单。清末民初，京、津、沪一带的茶馆往往兼带有说书、唱戏的。茶客们在品茗时可听曲看戏，同时有小贩、跑堂穿梭其间。

戏单又称戏报，是当时这些茶园向茶客展示演出剧目、演员及茶价等内容的印制品，相当于今日的节目单。

境。很多资金雄厚的茶馆，往往会特别地在意陈设。

有的茶店大气豪放，对客人的需求考虑得格外周到；而有的茶店拼的就是小巧精致，别看面积只有几十平方米，但是每一处细节都格外整洁别致，也能够给人留下深刻的印象。

除此之外，营造独特的装修风格，也是很多茶馆越来越加大投资力度的地方，譬如可以装成江南水乡风格，剔透栏杆玲珑之气尽显；也可以摆上红木桌椅，彰显古典氛围；而有的茶馆，甚至还为前来喝茶的顾客准备了宽带，方便客人随时上网。

当然，为了吸引更多的年轻人，很多茶馆的经营项目也在一步步扩展，除了各种茶品，还有什么珍珠奶茶，柠檬茶，都可以在这里得到满足。而茶馆准备的饮食更是五花八门，丰富多彩，有各种日式套餐、台式套餐、三明治，在有的地方，甚至能够吃到墨西哥薄饼。

有的茶馆，为了能够在经营的过程中带给更多人思想的熏陶，还会不定期举办茶艺培训班。俗话说“一把壶，一杯茶，壶中天地宽，茶里学问大”，在休闲的时候，为自己心爱的人，或者朋友们表演一番，不也挺好的吗?

还有的茶馆，将茶艺与陶艺集于一身，在这样的店铺内，顾客们不仅可以放松心情，还能够跟老师一起动手学做简单的陶器。

杭州茶馆

对杭州来说，令游客无法忘怀的不仅是它美丽的风景，还有它那沁人心脾的茶香。

相比于“摆龙门阵”的四川茶馆，品茶之余不忘听曲赏戏的北京茶馆，以及讲究“饭前茶”的粤式茶馆等，杭州茶馆则讲究名茶名水之配，注重品茗赏景之趣，让人在享受茶香扑鼻之时，还享受一种风雅、诗意的情致。

术业有专攻

杭州的茶馆文化，兴起于南宋。在金人灭掉北宋之后，南宋就迁都杭州，似乎这里的好山好水能让君王暂时忘掉国土损失的惨痛。

当然，他们也把儒学和宫廷文化带到了这里，使这座美丽的城市一时之间茶肆大兴。虽然当代的杭州茶馆可能不如成都茶馆的数量多，但是就茶馆的文化气氛而言，杭州却远胜其他。

曾经编写过《茶人三部曲》的王旭烽，是这么解释她对杭州茶的理解：“杭州的茶已经从一种日常的习惯转变成一种永恒的文化张力，杭州茶文化的坚实基础甚至可以用花岗岩来形容。”

虽说“无利不起早”，但是在如今，杭州的很多茶馆都充满了这种文化意韵。

正所谓“英雄所见略同”，余秋雨也曾在龙井村留下墨宝：万杯清茗是吾生。

杭州茶馆在经营发展中，也渐渐地形成了几种主要的流派。

在以茶艺表演为主的杭州茶馆，顾客们不仅能够品尝到正宗的茶饮，还能够全身心地观看茶艺表演；而另一些茶馆则因店家的茶点著称，那些花式品种繁多的小点心，让每一位来客都能重新发现工作之余的乐趣；除此之外，还有一些文化气息特别浓烈的茶馆，装饰效果让人一进去会误以为来到了茶品博物馆，顾客们可以在喝茶的同时，饱览茶的发展史，以及一些有趣的收藏品。

唐宋八大家中的韩愈曾经在《师说》一文中提到“术业有专攻”，其实在其他方面也是如此。杭州的茶馆众多，如果每家茶馆不注重提取自己的特色，那么只会使得整个茶馆市场过于同质化。

蒸蒸日上的杭州茶馆

每年在杭州召开的全国茶博览交易会和西湖国际茶会上，汇聚而来的茶人对杭州茶馆都有很高的评价，而能够与之相比较的城市只有北京、上海和成都。

北京的茶馆，最大的特点在于品位高，在这个一平方米房价可以超过两万的城市，有人均最低消费为1000元人民币的茶馆也不足为奇，而这样的情况杭州茶馆没有。

上海的茶馆，绝对数量最多，但是每十万人占有茶馆的数量却不及杭州。

在喝茶更为普及的成都茶馆，存在的问题就是两极分化。社会上茶馆为数居多，但是在整体档次上面却不及杭州茶馆。

不过杭州茶馆相比于成都、北京、闽粤一带的茶馆，整体的味道还是有些偏柔。

根据工商管理部门提供的一项数据表明，杭州茶馆的老板中，几乎有百分之八十以上都是女性，而且这些女性的年龄大都在25～45岁之间，你说杭州的茶馆能不温柔和灵气吗？

欲把西湖比西子，从来佳茗似佳人

在杭州，很多茶馆都不叫“茶馆”，而是习惯上称作“茶室”，各种茶室都可以用古朴，或者典雅来形容。虽然仅仅是一字之差，可是玩味起来，还是“室”字比较值得推敲，因为更多了几分文雅的意境，让人联想起文人的“书室”，或者是佛家常说的“净室”。无论哪样，也离不开雅洁清幽的感觉，以及清新自然的文化氛围。

在杭州茶馆，不但有名茶相伴，更有明水相配，品茗佳境更是让人的舒适之感上了一层楼。

杭州人偏爱茶馆，看重的就是那份精致和谐。在杭州人眼里，那些灯红酒绿总归还是抵不过这让人感受闲适的茶馆。

无论是赫赫有名的西湖龙井，还是那曾经被乾隆皇帝御笔书写的虎跑泉，茶与水的相伴，永远能够为爱茶的你奏响一曲最动听的乐章。

周庄的阿婆茶

杭州有一个千年古镇，名字叫做周庄，在最近几年的旅游事业发展中，可谓风头正盛。长期以来，这个古朴的小镇一直都流传着饮茶的习俗。俗话说："未吃阿婆茶，不算到周庄。"在周庄，只有喝过"阿婆茶"的人才能真正地品出水乡古镇的韵味来。

周庄人喝"阿婆茶"源远流长，在当地的很多深宅大院里，至今都还珍藏着祖祖辈辈传下来的青花瓷的盖茶碗、玲珑精巧的茶盅、古朴典雅的茶壶以及釉色光亮的茶盘。

"阿婆茶"虽是民间习俗，但喝茶方式颇为讲究。如果哪家定于某日要请大家喝"阿婆茶"，那么按礼数在数天前就要发出邀请，然后准备好茶点。等到了那一日，主人要洗涤好茶具，摆设好桌椅，然后等待宾客从四面八方而来，相互招呼后就可以依次就座。

喝茶时，主人一般还会先在桌上放上几碟腌菜、酱瓜、酥豆什么的，作为佐茶菜，所以周庄人管喝茶不叫"喝茶"，而是称之为"吃茶"。客人喝"阿婆茶"至少要喝"三开"（即冲3次开水）方可离席，以表示对主人招待的礼貌。

"阿婆茶"的参与者，一般都是许多农村中老妇女，她们大都是轮流做东，在农闲的时节围着八仙桌，嗑嗑瓜子，喝喝茶，一边做针线，一边聊家常，其乐融融。

在周庄还有一间"三毛茶楼"，店掌柜是一个乡土作家，还曾经招待过著名的台湾女作家三毛，并且有过一段时间的书信往来，所以茶楼格外有名。

宋·张择端《清明上河图》（局部）

天津茶社

天津人还是比较讲究吃的，像富有盛名的“天津大麻花”、“狗不理包子”，都是些曾经招待过外国贵宾的食品。而谈到天津较为正式的茶楼，则类似北京大茶馆，在卖茶的同时，一般也都兼经营着小吃、清唱、评书或者大鼓等曲艺表演。来的客人大多一壶一杯，如果结伴来的也有可能是一壶几杯。

清朝著名的文人辜鸿铭就曾经将男女关系比喻为茶壶与茶杯的关系。他说，只听到过一个茶壶配好几个茶杯的事情，哪里听说过一个茶杯会配好几个茶壶之说?

老天津卫的一日三茶

天津老茶馆里的茶客们也是三教九流，什么样的人物都有。这里有喝茶听曲儿的，有打发时间的，还有很多工匠来这里等活儿。比如，漆工、瓦工，或者木匠什么的，就有可能在这里一坐坐上小半天，等待主顾来咨询价钱。

天津茶馆的古色古香，也体现在它比较繁盛的古玩交易。在茶楼里，经常能够看到把玩各种小玩意儿的，或者三三两两聚在一起商量价钱的，当然还有以物易物的。

早茶时候的顾客多是厨师，其他行业开工早，而厨师们的上班时间比较晚，所以大多聚在一起喝杯茶；到了中午，就是一些懒得回家或者家里也没有什么活动的人，来到茶馆里听听评书大鼓；到了晚上茶点时间，还会有很多演员与票友们的联谊清唱。著名京剧演员侯喜瑞等，就是天津茶馆的常客，经常和圈中好友一起娱乐大家。总之，天津茶楼不像北京那样分类细致，也不像四川、杭州茶馆那样地方风味独特。

天津人的人口虽然并不算很多，但是他们的用茶量却是很大，老天津卫讲究一日三茶，可是要谈到文化气氛却又不那么突出了，这也是一般北方市民茶馆的共同特点。

戏曲满园的天津茶馆

历史上，茶园文化对培育独具地域特色的天津戏曲文化发挥了重要作用。早在130多年前，在皮黄和梆子腔卓有成就的前辈艺术家谭鑫培、孙菊仙、汪桂芬、响九霄、龚云甫和杨小楼等，都曾在天津老城的金声茶园（即现在的元升茶楼）、鸣盛园、协盛茶园以及袭胜茶园等四大茶园演出。

而为了让后人能够更好地继承这份珍贵的非物质文化遗产，让戏曲艺术拥有更适宜的演出场所，同时也为了培养出更多忠诚的年轻观众，很多知名茶社也表现出了相当高涨的热情，花费了不少的力气邀请到国内知名戏曲艺术家来此演出，以全面展示我国传统戏曲文化精华。

许多茶社还为方便表演，在茶馆内部恢复了传统的舞台设计式样，使得观众与演员可以更多地进行近距离交流互动。

著名京剧表演艺术家尚长荣、谭元寿就曾表示，天津是我国重要的戏曲码头，培养了众多优秀的艺术家、戏曲研究家和票友，而他们都跟天津这块戏曲艺术的热土有深厚感情，希望在天津这片土地上，能够尽快地有新的演出场所，从而为振兴戏曲艺术事业做出更大贡献。

再谱新篇的天津相声馆

在曲艺发展得非常兴盛的天津，人们都说，茶馆里的相声其实也好比品茶，需要耐得住回味。

在相声界的行话里，有一句叫做“现挂”，可以说是天津茶馆相声的一大特色，意思是演员现场抓哏和观众形成互动，你来我往，观众和演员融为一体。很多相声茶馆为了能够吸引住顾客们的口味，使之常来常想，就经常招募很多年轻演员，并且要求每一位演员都必须说新段子，且大多也都只能够说一次。这不仅使新老顾客保持着一股新鲜感，也极大地激发了新演员们创作新段子的热情。

就这样，在关心相声事业的店掌柜的努力下，如今很多的年轻人也开始纷纷走进茶馆，走近中国这一传统艺术。于是节假日里去天津茶馆听相声吃茶，在某些年轻人的圈子中，甚至成为了一种时尚，不远千里来此旅游只为听听正宗的天津相声。

在著名相声大家杨少华的长子杨威看来，天津的相声茶馆圆了他儿时的登台之梦。虽然在近50岁之时，杨威才登上相声舞台，但是他甘当小学生，虚心向其他“前辈”求教，表演水平很快得到了提高，很多作品还得了不少嘉奖。

当然正是有了这些热爱茶馆相声，并且还具有较高表演水平的相声演员的加盟和参与，天津的茶馆相声才会蒸蒸日上，越做越出色，越做越响亮，让一两百年前在天津茶馆里成长壮大的相声艺术再次获得发展。

四川茶馆

在很多人眼里，没有去过四川茶馆，就算不上真正到过四川。

教育家舒新城写道，成都给他印象最深刻的是人们生活的缓慢节奏，在茶馆里，“无论那一家，自日出至日落，都是高朋满座，而且常无隙地。”而无独有偶，薛绍铭也发现，“住在成都的人家，有许多是终日不举火，他们的饮食问题，是靠饭馆、茶馆来解决。在饭馆吃罢饭，必再到茶馆去喝茶，这是成都每一个人的生活程序。饭吃得还快一点，喝茶是一坐三四个钟点”。

在德国地理学家G.哈巴德这位外国人眼中，成都人大多都整天“无所事事，喜欢在街上闲聊”。在这里，人们似乎看不到快节奏的大城市生活，到处都是恣意享受着美好生活的幸福人群。

其实，不止是外来的异乡人会有这样的发现，即便是本地的成都人也总是在无意间自嘲，说生活的这个城市实在是一座“三多城市”：闲人多、茶馆多、厕所多。以至于有些人总结出一句四川的当地民谚，叫做“一市居民半茶客”。

但是，这种自嘲，从任何一个四川人嘴里说出来，无疑同时也会是充满自豪的语气。有些稍有“偏激”的人，甚至会认为，只有自己家乡的人才配得上“茶客”的称号，因为只有四川才是真正的“茶国”。而且他们坚信，任何一个四川本土的作家笔下的作品，都离不开茶馆这样一个熟悉的场所。

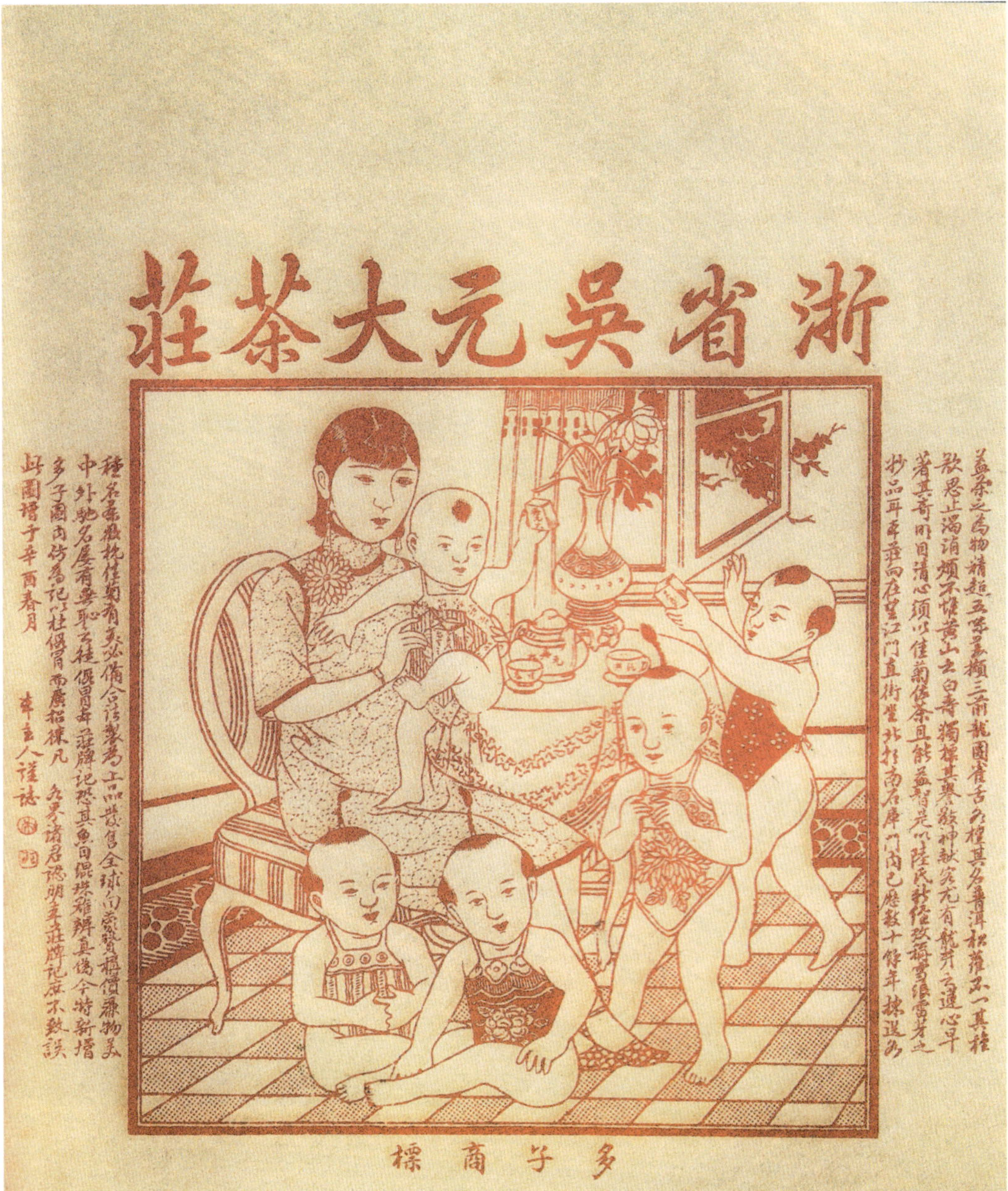

民国・吴元大茶庄广告

无声无息的和事老

相比其他地方的茶馆，四川茶馆除了可以为大家提供休闲场所之外，还有一个非常与众不同的社会功能，那就是充当一个无声无息的和事老，给那些有了纠纷的人或者社团提供一个调解场所。

在旧社会，茶馆，往往是一个鱼龙混杂，三教九流皆能聚在一起的场所。所以除了普通百姓的消遣吃茶外，很多不能登大雅之堂的秘密活动，也选择在这样的场所进行，比较方便掩人耳目。

而这些茶馆，黑白通吃，在一旁谨小慎微地烧着永不干涸的茶水，或许再兼营着饭店，或者旅馆什么的。可以说，三十六行，行行都可能在茶馆出现。茶馆，在当时被形容成社会生活的一面镜子，可以说是非常恰如其分的。

所谓“一张桌子四只脚，说得脱来走得脱”，在当时有一个不成文的规定，说凡是需要上茶馆调解纠纷者，则需要由双方当事人分头出面，请当地的头面人物主持帮忙调解，整个过程就像是现代电视上的一场辩论会。双方参加辩论的对手在经过一番唇枪舌剑之后，由调解人仲裁。俗话说“一个巴掌拍不响”，如果调解人认为双方各有不是，则各付一半茶钱；不过如果只是一方理亏，则理亏的那方不但需要认输赔礼，还要包付茶钱。

格子铺般的四川茶馆

所谓“格子铺”，是指一间被分化成很多个柜子的店铺，每个柜子上又被细分成很多方方的小格子，里边摆满了各色的商品。这样的店铺在如今的大学城附近出现得比较频繁，因为它既能够让一间面积固定的店面，尽可能扩充范围去经营，也能够将房屋的门面费降到最低，分摊给每一个租格子的小商家。

而四川茶馆，在一定时期，就将自己打扮得仿佛是现今的格子铺一样。

开茶馆当然是一种商业活动，同其他商业一样是为追求利润的。在那时想要开一间茶馆，一般来讲是不需要太多的资本的，只要有桌椅、茶具、灶和一间陋室，那么就差不多算是万事大吉了。

那么钱，或者说开店的周转资金，不需要准备吗?

当然需要，只不过，在一间茶馆开张之前，茶馆老板已经把自己的一间小房子分隔成为了很多大大小小的“格子”，一转手就租给了别人。譬如，他会把厕所的“掏粪权”租给挑粪夫，把茶馆的一个屋角租给理发匠，而且如果有人想在自己开的这间茶馆提供水烟或者热帕服务，那么他也得先交押金。

瞧，光是这些预付的定金，几乎就已经够小店的周转之用了。所以有人说，只要计划得当，开办茶馆可以白手起家。

另外，像肉店、饮食摊也经常需要靠茶馆拉生意，所以大多时候，他们也是愿意参加投资的。而在当时，开办茶馆的这种集资方式，也在一定程度上反映了一个社区中人们之间的相互依赖关系。

丰富的业余生活

四川茶馆的另一项重要职能就是丰富当地人的业余生活。所以在四川的茶馆，我们也经常能够看到有“川剧”票友相约在一起坐唱，也俗称“打围鼓”。另外，很多茶馆还专门聘请了演艺人士，在馆内安排四川扬琴、评书、清音或者金钱板等各种形式的演出活动。来客可以边饮茶，边欣赏那些极具地方特色的曲艺节目了。

很多来四川旅游的人，会在晚上专门去四川茶馆里坐一坐，从或喧闹嘈杂、或平和闲适的茶馆氛围之中，找寻一些巴蜀民风，捕获一些市井之趣。而四川那“头上晴天少，眼前茶馆多”的景象，也着实让一些外地游客不免感到惊奇。

又或许是因为本身的地理位置原因，四川茶馆比起其他地方的茶馆，更加注意信息的交流。在信息不十分畅通的过去，很多人几乎是从一起床就直奔茶馆，甚至连洗脸的步骤，都会选择在茶馆里解决，然后是品茶和吃早点，直到深夜茶馆才会恢复安静。

广东茶楼

在广州，管茶馆叫做“茶楼”，吃早点则叫做吃早茶。广东茶楼是名副其实的“茶中有饭，饭中有茶”。

而如果碰到一个广东人说“请你去饮茶”，那便是请你吃饭。旧时广东茶馆饮食并不贵，老茶客一般是一盅两件：一杯茶，两个叉烧包或烧卖、虾饺之类，花费不多。现今不同了，有钱人多了，茶楼也更气派了。你上茶楼入座，服务员先上一壶茶，然后将食品车推过来，供你挑选各种广东小吃。

据说，曾经广东人上茶楼有各种各样的说法，退休工人说上茶楼可以“提神”，粤剧艺人说喝杯茶可以“润喉”，小商小贩说坐在茶楼里可以“伸伸腰骨”。

如今茶楼同时还是人们交流信息的重要场所，各种各样的人们在茶楼里谈论着股票、楼市。在非常有商业头脑的广东人眼里，没有“泡”茶楼的本事，发财的机会就会少很多。而在生意场上，不进茶楼，想要融入广东的商业社会的机会也是几乎等于零。

于是，清闲、舒适的茶楼，变成了商业谈判的地点，使得茶楼不再只是人们闲谈、打发时光的幽静场所。而过去广州的“妙奇香”茶楼有一副对联说：“为名忙，为利忙，忙里偷闲，饮杯茶去；劳心苦，劳力苦，苦中作乐，拿壶酒来。”这也正是很多人在茶楼饮茶的心理写照。

年轻人的新战场

十几年前的广东茶楼，基本等同于是老年人的乐园，随处可见几个老人围坐在一起吃早茶或者喝夜茶，消磨时光。偶尔能够见到几个年轻人，也大多都是孝顺子女陪伴家中的老人而来。

不过，如今的广东茶楼，可是实在不一般了，很多时髦的年轻人，也开始加入了这些“老茶骨”一族，一有时间就过来报到了。

不过相比他们的长辈们，这些时尚的年轻人，似乎更加注重物质享受，因此茶楼里也为这些懂得享受生活的年轻人准备了好吃的高级美点。

广东的茶点也是一绝，很多茶点光是听听名字都是一种享受。如薄皮鲜虾饺、虾肠粉、碧绿虾筒、风果酥虾、琵琶虾扇，还有蟹黄烧卖、香酥蛋挞、海鲜糯米鸡等，对于这些美食，能挣能花的年轻人只有一个原则，那就是毫不犹豫地“拿来”。

至于虾球粥、鱼片粥、及第粥一类的粥品，或者叉烧包、蟹肉包、莲茸包一类的面点，那更是年轻人的家常饭了。不过年轻人往往来去匆匆，老人家身上那“一杯在手，半日清谈”的茶俗在饮早茶的青年茶客中是相当少见的。

如果说喝早茶还是老年人占据的时段，那么下班之后的夜茶市才是名副其实的“青年天地”。这些年轻人往往都是三五结伴聚首于夜茶市，畅叙旧感情，结识新朋友，把茶楼当成理想的社交应酬场所。有的时候，他们甚至要从傍晚饮茶直至深夜。

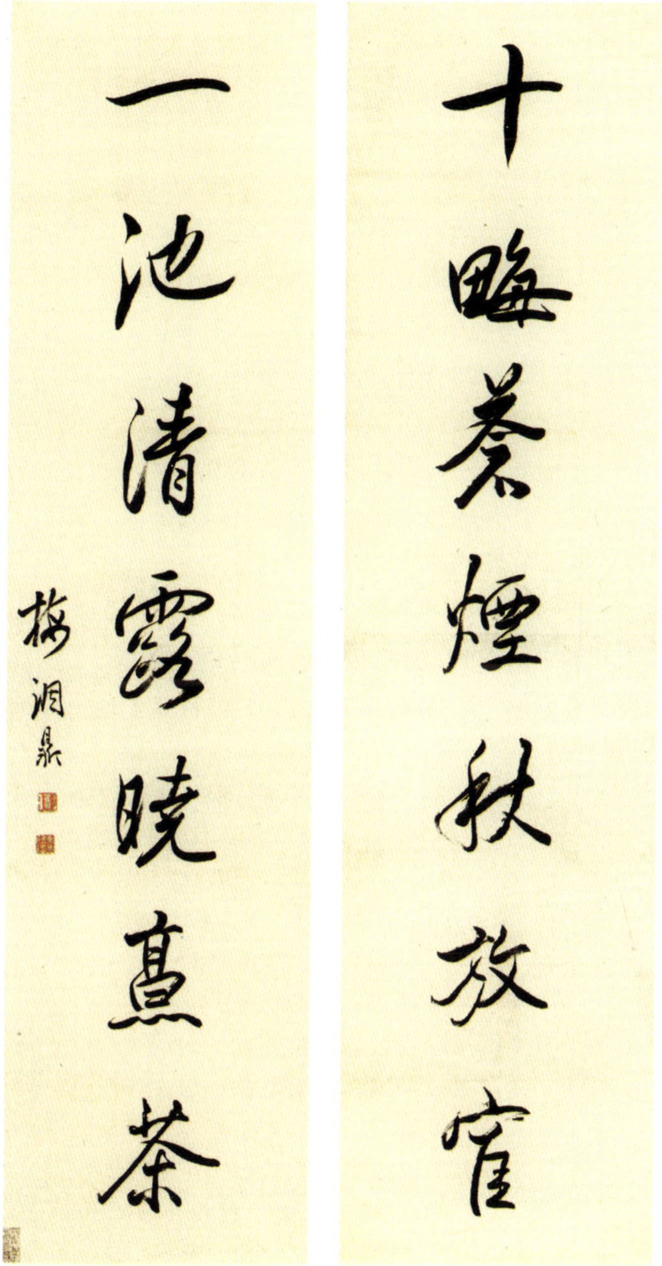

梅调鼎对联

这幅长134.0厘米，宽33.0厘米的对联，是晚清梅调鼎（1839—1906）所绘。

此对联书法清俊流美，潇洒自然，文人气息浓厚。释文：“十畮（亩）苍烟秋放鹤，一池清露晓烹茶。”印鉴：梅调鼎、南昌尉后、苕上柳舍心怡神赏。

音乐茶座

如果我们就此认定广东人去茶楼只是为了满足口腹之欲，那么我们肯定就会大错特错了，而且得出这样的结论也未免太过肤浅了。当今，很多广东人再上茶楼，还蕴涵着对精神生活的需求，其中最有代表性的，也最能够说明问题的，便是近年来新兴的音乐茶座。

所谓音乐茶座，顾名思义就是一边听音乐，一边饮茶吃点心。1979年，广州出现了国内第一家音乐茶座，由此也开了文化市场建设先河。如今一转眼30多年过去，广州的各大宾馆和酒店，以及公园和文化娱乐场所几乎都设立了音乐茶座。

而这些音乐茶座的装潢、设备和消费对象也都各不相同，有单纯播放音乐的，有乐队伴奏和歌手演唱的，还有既能听演唱又能翩翩起舞的。在那些环境和设备较好的音乐茶座品茗，实在是一件赏心悦目的事情。

在广东，饮茶是有其特殊的“礼节”的。服务员在倒茶时，客人一般以食指和中指轻扣桌面表示谢意。传说这一风俗还是源自乾隆皇帝下江南的一次微服出巡。

有一次，主仆一行来到茶楼喝茶休息，乾隆突发奇想，要自己扮作仆人，而让身旁的下人扮作主子。在茶楼里，扮作仆从的皇帝给扮作主子的随从斟茶，随从平日里哪里享受过这种待遇，一时间又惊又喜，感恩戴德，惊恐万状，本应下跪叩拜，但是又怕暴露了皇室身份，惹皇帝不高兴。不过，常在皇帝身边走动的下人头脑也比较灵活，于是灵机一动，遂以两指微屈，轻扣桌面代之叩礼，并一直传袭至今。

而也许正是基于广东茶楼丰富的文化内涵，以及对奢侈浪费之风的摒弃，早在十多年前，广东省委、省政府就对接待内宾的办法作了改革，其中一项便是提倡用早茶款待。“有客远来茶当酒”，别具一格的广东早茶早已声名远播，被“克隆”到大江南北。

广东凉茶

茶的保健作用众人皆知，但是平常生活里，我们却很少真正将茶的这种保健作用有效地利用起来。而广东由于其特殊的地理位置，以及温润潮湿的自然环境，使得具有保健作用的广东凉茶为百姓熟知。

广东地属岭南，多雨潮湿，冬暖夏热，早在古时候，当地的先民们为了除湿去热，便将一些清热解毒、消暑去湿的草药配制成各式各样的凉茶，据说，这还是受了诸葛孔明的点拨。这样的生活习惯一直以来从未间断，延续到了现在。在夏天，凉茶是广东人必不可少的饮料。而凉茶，也逐渐成为广东特有的一种茶，具有清凉散热、解暑去湿的功效。

所以如今，在广东，制售凉茶的药店、摊档、作坊，几乎跟各地的超市一样随处可见。并且这些场所也在随着社会的需要，不断得到发展。

广东凉茶，其主要成分是夏枯草、冬桑叶、野菊花、绵因陈、崩大碗、岗梅、车前草、地胆头、水翁花、金银花、紫苏、薄荷、布渣叶、半边莲等。也有一些作坊的品牌凉茶声称自己家的是祖传秘方，或者标榜“十八味凉茶”或“廿四味凉茶”的，五花八门，不过实际上大同小异。

现在广东的大街小巷中卖的凉茶主要有三种形式。

第一类是药店，那里出售凉茶的大小包或干品，顾客可以买回家后直接煎服，拿开水冲服。

第二类是凉茶店，除了销售干品的大茶包以外，为了方便群众，他们还会选择在通衢大道找好合适的一间小店面，贩卖已经煲好的现成凉茶，供过客和街坊饮用。这样的摊位客源非常大，收入也是相当可观的。

第三类是凉茶档，凉茶档多数为个体摊档，一般是向药店购回凉茶包，也有自己懂行的会选择买来草药亲自配制，经过加工煎制，拿瓷碗或者水杯装好出售。

据说，仅仅是广州市的年人均茶叶消费量就为1660克左右，是上海的 3 倍以上，居全国首位。而这“不抽烟，少喝酒，多喝茶，喝好茶”的口号，在广州人的眼里也绝不仅仅是一句从医生那里听来的空谈而已，俨然已经成为广州人的一种时尚，深受广大消费者的青睐。

上海孵茶馆

上海不但盛产深得丈母娘喜爱的听话女婿，而且很多当地的方言也非常有意思。他们对茶馆的称呼，既不是“茶室”，也不是“茶楼”，而是“孵茶馆”。一个“孵”字道出了老上海人那种身处闹市，无处消遣，只得到茶馆里暂借片刻的清闲的心境。

十里洋场与上海茶馆

早在清朝初期，上海就已经飞速地发展成为了一个中等城市。当时的它拥有24万人口，格外需要人气的茶馆生意也从那时慢慢地兴旺起来。大约在咸丰末年，在繁华的南京路上出现了上海第一家大茶馆——洞天茶楼。而比这再稍晚一点的则是丽水台茶楼，高阁三层，针窗四面，气派非凡。

由于各种政治经济原因，这个在近代被称为“十里洋场”的上海，经过战火的洗礼，早已领先其他沿海城市，率先成为一个国际化的大都市。

而随着上海对各方人士的吸引力逐渐加大，市民的文化生活内容也日益丰富，伴随城市经济的繁荣和市民文化的昌盛而出现的茶馆，更成为人们休闲、娱乐、交流的重要场所。

上海的茶馆生意兴隆，甚至吸引了不少外国人在上海办起了茶馆。而在这些外资茶馆中，最早的应是日本人在光绪初年开办的“东洋茶馆”。日本人的茶馆最初只是以销售日本茶食为主，后来却渐渐掺杂进了不少的色情成分，最后竟然沦落成为一种变相的情色场所。

据史书记载，到清末宣统元年（公元1900年），上海已经大约有茶馆64家。而到了民国八年（公元1919年），不到二十年间上海的茶馆总数就已经飞速发展到164家。而等到建国初年，也就是1949年，仅南市老城厢就有各式茶馆 169家。

上海的茶馆，由于其特殊的地位，成为“十里洋场”的一个缩影，很多作家都习惯从一个小小的茶馆出发，写尽旧上海的社会百态。

所以上海茶馆没有北京茶馆那样泾渭分明：棋茶馆、书茶馆、清茶馆、野茶馆，各司其职，有各自的娱乐；上海茶馆既泾渭分明，又鱼龙混杂，也有光怪陆离的一面。

上海茶馆因其硬件条件不同，大致可以分为两大类。

一类是中高档茶馆。这一类茶馆的茶客基本来自中上流社会，多为达官显贵、社会名流、商贾阔佬，以及在社会上有地位的流氓大亨或者帮会头目等。而这类茶馆也大多都有很好的地理位置，不是地处繁华街口，就是在风景幽静之处。

这类茶馆几乎没有一层的，很多都是多层高楼，不论是外部装潢，还是内部装饰，都比较讲究。而茶室幽雅，窗明几净，有内室、雅座，为有身份的顾客量身定做。当然，这里的环境好，茶资也要相应地高出一般茶馆若干倍，甚至几十倍。

除去很多知名的大茶馆，上海也存在着相当数量的极其简陋的小茶馆，当地人亲切地称之为“老虎灶”。老虎灶一般随意地设在马路边，极小，能砌一个灶头的地方就可以开店了。这里一般用的是廉价紫砂壶，茶叶也是最低档的粗茶，叶片大，茶色深。一般清晨就开门营业，供往来赶路的人们喝早茶，然后就一直到晚上九点到十点钟打烊，中午也不休息。

“老虎灶”时兴“吃讲茶”，但这里的吃讲茶，多是些鸡毛蒜皮的小事，如借钱不还、家庭纠纷等。“老虎灶”里的顾客们，一般都是收入低廉的劳苦大众，老虎灶可供他们暂作歇脚，或者解渴消乏。这些小规模的喝茶作坊，遍布在市区的各个犄角旮旯，是底层平民生活中难得的休闲场所。

没有最好，只有更好

在各地茶馆都在蓬勃发展的同时，有很多头脑冷静的业内人士曾经指出，我们在看到上海茶馆复兴的同时，不能不冷静地看到这种“复兴”背后的问题。

优胜劣汰不仅是动物世界的生存法则，更是生意场上的客观规律。究竟哪家茶馆更好，要从特色、质量、服务上综合比较。

第一是在特色。特色既是继承，又是创新。

有些新建立的茶馆之所以能够在最短的时间内引起茶客的兴趣，就在于它们能发掘上海老茶馆的历史文化内涵，让人们在品茗的过程中缅怀过去。有人说，茶馆文化的创新，就在于茶饮中融进都市社会的风情和人文。茶馆和人一样，也应当有它的性格。

第二就是质量。首先是茶叶的质量。以次充好，以伪作真，利用人们对茶叶知识的缺乏，牟取暴利，茶馆这样做完全是饮鸩止渴。提供名副其实、质量好的茶，才是保证茶馆品质的根本。同时，泡一杯好茶的主要因素是茶、水、具、艺，这些都是不可或缺的。

第三是服务。服务既是特色，也是质量。它是茶馆从业人员素质的体现。很多人认为泡茶是很简单的事，一学就会，实际上是不懂茶。茶馆行业其实也属于服务型行业，而且需要有深厚的文化底蕴做后盾，再好的硬件也必须有相应的软件搭配。而在这方面，海派茶馆还有差距，当然这也意味着海派茶馆有进步的空间。

参考文献

1.刘昭瑞：《中国古代饮茶艺术》，陕西人民出版社1987年版。

2.陆羽研究会：《茶经论稿》，武汉大学出版社1988年版。

3.庄晚芳：《中国茶史散论》，科学出版社1988年版。

4.钱晓霖：《中国古代茶诗》，浙江古籍出版社1989年版。

5.欧阳勋：《陆羽研究》，湖北人民出版社1989年版。

6.王冰泉，余悦：《茶文化论》，文化艺术出版社1991年版。

7.姚国坤：《中国茶文化》，上海文化出版社1991年版。

8.陈橼：《论茶与文化》，农业出版社1991年出版。

9.王从仁：《玉泉清茗-中国茶文化》，上海古籍出版社1991年版。

10.陈宗懋：《中国茶经》，上海文化出版社1992年版。

11.滕军：《日本茶道文化概论》，东方出版社1992年版。

12.王玲：《中国茶文化》，中国书店1992年版。

13.黄桂枢：《中国普洱茶文化研究》，云南科技出版社1994年版。

14.梁子：《中国唐宋茶道》，陕西人民出版社1994年版。

15.丁文：《中国茶道》，陕西旅游出版社1994年版。

16.刘修明：《中国古代的饮茶与茶馆》，商务印书馆国际有限公司1995年版。

17.余悦：《研书》，浙江摄影出版社1995年版。

18.寇丹：《鉴壶》，浙江摄影出版社1995年版。

19.于良子：《谈艺》，浙江摄影出版社1995年版。

20.张堂恒：《中国茶学词典》，上海科学技术出版社1995年版。

21.余悦：《问俗》，浙江摄影出版社1996年版。

22.童启庆：《习茶》，浙江摄影出版社1996年版。

23.徐德民：《中国茶文化》，上海古籍出版社1996年版。

24.朱自振：《茶史初探》，中国农业出版社1996年版。

25.刘学忠：《文人与茶》，东方出版社1997年版。

26.陈香白：《中国茶文化》，山西人民出版社1998年版。

27.阮浩耕、沈冬梅、于良子：《中国古代茶叶全书》，浙江摄影出版社1999年版。

28.陈文华：《中国茶文化基础知识》，中国农业出版社1999年版。

29.陈彬藩：《中国茶文化经典》，光明日报出版社1999年版。

30.余悦：《中国茶文化丛书》（10册），光明日报出版社1999年版。

31.丁文：《茶乘》，香港天马图书有限公司1999年版。

32.丁文：《大唐茶文化》，香港天马图书有限公司1999年版。

33.黄志根：《中华茶文化》，浙江大学出版社1999年版。

34.姚国坤，胡小军：《中国古代茶具》，上海文化出版社1999年版。

35.王建平：《茶具清雅》，光明日报出版社1999年版。

36.赖功欧：《茶哲睿智》，光明日报出版社1999年版。

37.刘勤晋：《茶文化学》，中国农业出版社2000年版。

38.舒玉杰：《中国茶文化今古大观》，电子工业出版社2000年版。

39.王国安，要英：《茶与中国文化》，汉语大辞典出版社2000年版。

40.黄志根：《中华茶文化》，浙江大学出版社2000年版。

41.童启庆，寿英姿：《生活茶艺》，金盾出版社2000年版。

42.林治：《中国茶道》，中华工商联合出版社2000年版。

43.林治：《中国茶艺》，中华工商联合出版社2000年版。

44.郭孟良：《中国茶史》，山西古籍出版社2000年版。

45.郑春英：《茶艺概论》，高等教育出版社2001年版。

46.陈宗懋：《中国茶叶大辞典》，中国轻工业出版社2001年版。

47.关剑平：《茶与中国文化》，人民出版社2001年版。

48.余悦：《中国茶叶艺文丛书》（5册），光明日报出版社2002年版。

49.朱世英、王镇恒、詹罗：《中国茶文化大辞典》，汉语大辞典出版社2002年版。

50.童启庆：《影象中国茶道》，浙江摄影出版社2002年版。

51.余悦：《茶文化博览丛书》（5册），中央民族大学出版社2002年版。

52.关剑平：《茶与中国文化》，浙江人民出版社2002年版。

53.郭孟良：《中国茶史》，山西古籍出版社2003年版。

54.王旭烽：《瑞草之国》，浙江大学出版社2002年版。

55.赖功欧：《茶理玄思》，光明日报出版社2002年版。

56.宋伯胤：《茶具》，上海文艺出版社2002年版。

57.王琼：《白云流霞》，春风文艺出版社2003年版。

58.刘勤晋：《茶文化学》，中国农业出版社2002年版。

59.周文棠：《茶道》，浙江大学出版社2003年版。

60.周文棠：《茶馆》，浙江大学出版社2003年版。

61.董尚胜、王建荣：《茶史》，浙江大学出版社2003年版。

62.胡晓军：《茶具》，浙江大学出版社2003年版。

63.汤一：《茶品》，浙江大学出版社2003年版。

64.詹罗九：《名泉名水泡好茶》，中国农业出版社2003年版。

65.刘勤晋：《茶与旅游》，重庆大学出版社2003年版。

66.庄昭：《茶诗三百首》，南方日报出版社2003年版。

67.施兆鹏，蔡镇楚：《中国名家茶诗》，中国农业出版社2003年版。

68.靳飞：《茶禅一味》，百花文艺出版社2004年版。

69.陈文华：《长江流域茶文化》，湖北教育出版社2004年版。

70.姚国坤：《茶文化概论》，浙江摄影出版社2004年版。

71.藤军：《中日茶文化交流史》，人民出版社2004年版。

72.姚国坤：《茶文化概论》，浙江摄影出版社2004年版。

73.丁文：《茶魂》，陕西旅游出版社2004年版。

74.程启坤，杨招棣：《陆羽<茶经>解读与点校》，上海文化出版社2004年版。

75.陈文华：《中国茶文化学》，中国农业出版社2006年版。

76.林志：《茶道养生》，世界图书出版公司2006年版。

77.沈冬梅：《茶经校注》，中国农业出版社2006年版。

78.李莫森：《咏茶诗词曲赋鉴赏》，上海社会科学院出版社2006年版。

79.郑培凯，朱自振：《中国历代茶书汇编校注》，香港商务印书馆2007年版。

80.丁以寿：《中华茶道》，安徽教育出版社2007年版。

81.丁以寿：《中华茶艺》，安徽教育出版社2008年版。

82.夏涛：《中华茶史》，安徽教育出版社2008年版。

83.李新玲：《诗化的品茗艺术》，中国农业出版社2008年版。

幽处漫茶烟

Youchu Manchayan

下册

王晶 汪富亮 编著

東方出版社

目录

contents

老舍茶馆

中国第一家民俗茶馆

——记老舍茶馆

北京老舍茶馆始建于1988年，是中国实施改革开放政策以后，由北京大碗茶商贸有限公司总经理尹盛喜先生一手创办起来的中国第一家民俗茶馆。它位于天安门广场西南面，与北京古商业街大栅栏为邻，地理位置独特，京味传统文化底蕴深厚。

北京老舍茶馆以人民艺术家老舍先生及其名剧《茶馆》命名，是集京味文化、茶文化、戏曲文化、食文化于一身，融书茶馆、餐茶馆、清茶馆、大茶馆、野茶馆、清音桌茶馆，六大老北京传统茶馆形式于一体的京味文化茶馆。现营业面积5000多平方米，设有六个服务功能场所。内有新京调茶餐坊（大茶馆）、演出大厅

（书茶馆）、品珍楼食府（餐茶馆）、四合茶院（清茶馆）、艺苑（非物质文化遗产演出中心）、老舍茶庄，还有两个品牌公益项目，“老二分”茶摊（野茶摊）、“戏迷乐”京剧票房（清音桌），以及两个博物馆，老北京传统商业博物馆、企业文化博物馆。其内部或环境雅致，陈设古朴，或豪华现代，富贵迤丽。在这古香古色、京味十足的环境里，可以品用到各类名茶、宫廷细点、北京传统风味小吃和京味佳肴茶宴，还可以欣赏到来自曲艺、戏剧等各界名流的精彩表演。

老舍茶馆已成为国家文化产业示范基地、国家3A级旅游景区（点），荣获北京市著名商标。自开业以来，老舍茶馆接待了包括美国前总统布什、前国务卿基辛格，俄罗斯前总理普里马科夫，德国前总理科尔，国际奥委会主席夫人安妮·罗格女士、约旦王后、印度国大党主席等来自69个国家的140多位外国首脑、众多社会名流和400多万中外游客，成为展示民族文化精品的特色“窗口”和连接国内外友谊的“桥梁”，被誉为北京文化的人文地标。

展望未来，我们将大力发展文化创意产业，打造中国茶馆第一品牌。

各经营场所介绍

（1）新京调茶餐坊

新京调茶餐坊属历史上京城六大茶馆类别的“大茶馆”形式，是集餐茶戏于一体的综合性茶馆。在简约流畅的现代风格布局中，融合了诸多古典、民俗元素，舞台的背景为宫廷的门扇造型，包间、雅座到散台的独特设计，配合着灯光效果，使这“大茶馆”颇具小剧院的感觉。细节之处无不体现着宣南文化。回廊中充分展示了老北京的民俗长卷。神态各异、栩栩如生的五行八作，摔跤、中幡、京韵大鼓等泥塑大师的巨作将老北京点滴的市井生活活灵活现地拉到了宾客面前。眼里欣赏着民间剪纸、皮影、鬃人、京剧人物等装饰宣南文化的艺术精品，耳畔则回响着胡同里走街串巷、买

卖的吆喝声。城南旧事的真实场景和浓浓的京味情调将带您体验一个集百姓、士大夫、皇亲国戚的老北京百态生活。

“大茶馆”的餐以北京菜、自主创新茶菜为主，辅之“一茶一座”茶事式服务。

“大茶馆”的茶从老北京钟爱的花茶到传统六大茶类到现代造型茶，一应俱全。

“大茶馆”的演出形式丰富，从时尚中走出来的新民乐，令人耳目一新，电影的鼻祖——皮影戏全天循环演出，随时恭候宾客的光临。

（2）老舍茶馆四合茶院

一座坐落在楼宇之中的四合院，品饮茗茶的好去处。

前门四合茶院坐落在老舍茶馆的二层，它是京城第一家坐落在楼宇中的四合院

式的茶艺馆，是老舍茶馆进入新世纪后，弘扬京味文化和茶文化的又一崭新手笔。它以古老经典的北京传统建筑四合院为形，以博大精深的茶艺之道为神，融合雍容贵气的京城之韵，创造了一个您梦想中的茶艺馆。

四合茶院选用明、清房屋的色调风格，融合了中国南北建筑特点，在这里既能体会到中国北方的民俗人情，又能触及到南方“小桥流水人家”式的生活。茶艺馆共9个包间，每个包间的摆设、特点、风格均不同，既有可以躺的床榻，也有四合院特有的散台。在这里，只有悠闲与宁静，只有轻松与自在，听悠扬的古筝，看精湛的茶艺表演，品馨香的好茶，享茶中偷来的半日闲。

（3）品珍楼——品皇家珍馐，尝茶馔精华

大碗茶品珍楼是北京市大碗茶商贸有限公司于2008年投资600万元，倾力打造的一家高档食府，位于北京老舍茶馆的三层东厅，其前身是成立于1996年的大碗茶酒家。

品珍楼融汇中华美食文化与千年茶文化，将传统饮食与中国茶道相融合，集古今中外烹饪方法之大成，延皇家用膳之礼制，以海纳百川之亲和，展400年满族汉筵席之精粹、百年古茶之韵味和自研茶餐、茶宴之清雅。

品珍楼设计上采用皇家建筑元素：藻井、龙柱以及超宽、超高的中式门扇，并把以上元素变异、融合在现代环境中，大量的红金色色彩突显皇廷宫苑的富贵迤丽；“四季平安”、“吉祥”、“如意”、“金玉满堂”、“风调雨顺”为名的五个包间内，摆设的古典红木家具，名人字画、绿植花卉，让就餐者能够在体验皇家

尊贵的同时又不失舒适与惬意。

（4）京味茶文化产品服务体验售卖区——老舍茶馆茶庄

它集皇家、文人雅士、市井百姓为代表的老北京饮茶方式于一体，采用开放式茶席、柜台和展柜，售卖有老北京特色和茶馆特点的标志性商品，如“老尹记”品牌茶具、茶礼品，民俗工艺品、旅游纪念品等，以商品为媒介，体验和传播北京文化形象。它还包含品饮、培训、购物等功能，涵盖品茶、售茶、展示、体验、教育培训等区域。营业面积300平方米。

售卖区域划分：①老舍国风——囊括元首级茶叶、茶具和传统工艺精品，立足高端礼品馈赠，非凡卓越，完美呈现；②老舍民风——囊括中国传统六大茶类；多角度契合消费需求；高度性价比精彩展现中国特色茶礼之精髓。老舍民风系列产品是在创意、设计、器具造型、包装等方面都融入和体现了京味民俗文化特色的茶

叶、茶具礼盒，及各种创意产品。其中获奖产品硕果累累，韵香礼盒荣膺2011年“北京礼物”金奖；老舍茶馆“京腔雅韵茶礼”、“老尹记手绘青花礼盒”荣膺2011年“北京礼物”铜奖；老舍茶馆京味同心杯荣获2011年“游客心中北京十大必购旅游商品评选”第二名；③新风尚——适合年轻、时尚、旅游人群；在理念上别出心裁，细节处尽显唯美，包括手机链、钥匙链、鼠标垫等精致特色的民俗旅游商品。

（5）演出大厅

老舍茶馆演出大厅古色古香、京味十足，在这里可以听到悠扬的古筝，看精湛的茶艺表演，品馨香的好茶，以及各式宫廷洗点、北京传统风味小吃；还可以欣赏到来自曲艺、戏剧等各界名流的精彩表演。演出大厅内木制的廊窗、整齐排列的八仙桌、随处可见的剪纸窗花、书画楹联，以及屋顶上悬挂着的一盏盏宫灯，使人如同进入一座老北京的民俗博物馆，身临其境，赏心悦目。

在演出大厅每晚19：50—21：20都将上演一台汇聚曲艺、茶艺、魔术、杂技、变脸、中国功夫等节目的晚场演出。

每周日下午3：00—5：00有“青年汇”相声专场演出，演出阵容有六大相声俱乐部包括北京周末相声俱乐部、丰台相声乐苑、星夜相声会馆、嘻哈包袱铺、鸣乐汇以及新笑声客栈等。

（6）老舍茶馆二层京味文化旅游体验馆

汇聚三大功能展区，打造高端文化阵地，包括艺苑——非物质文化遗产演艺中心、老北京传统商业博物馆、企业文化博物馆。

它与老舍茶馆原有的空间设计风格保持了衔接和互补，秉承中国传统风格，萃取京城王府经典建筑元素，用现代设计手法加以演绎。整体环境采取中国传统色调：灰色与红色搭配组合；建筑形式上采用皇家城门和传统花窗等展示手法；内部装饰上采用雕梁画栋、重檐斗拱等元素凸显大气感。

（7）艺苑

艺苑是以讲授、体验、传习、展演昆曲、京剧、古琴为代表

的非物质文化遗产剧种剧目功能馆，以非遗演出剧目为服务主产品，舞台采用王府西楼风格设计，剧场总面积380平方米，可容纳90位客人，同时也能满足举办展览展示、教育培训和其他艺术活动与演出的需求。

（8）老北京传统商业博物馆

千百年来，在老北京的传统商业文化形态中，与百姓生活息息相关的，就要数店铺了。老北京传统商业博物馆，精心挑选和老北京人生活息息相关的十三个代表性老店铺，用面塑的方式制作微缩景观陈列于此。同时，复原老北京店铺招幌，配以百余件珍贵的传统商业老物件，再现了老北京传统商业的繁华景况。

老式店铺除了它的金字牌匾外，给人留下记忆最深的就是招幌，俗话说“远望招幌，近看牌匾”。招幌是老北京商业文化的符号，是街头巷尾的一景，也是店铺广告的展示道具。而种类繁多、用途各异的传统商业老物件，则记载和传承着老式店铺的特色和文化。

时隔百年，今日再看旧时老北京店铺，这不是一种回归，而是一种回味。回味是文化，它虽然只是北京商业文化历史发展长河中的一个片段，但仍不失它的精彩和魅力，也算得上是一份值得记忆的非物质文化遗产。

（9）企业文化博物馆

文化，是一个民族的精神和灵魂。中华文化历史悠久，灿烂夺目。传承历史文明，是华夏儿女的责任和使命。

从大碗茶到老舍茶馆，企业在发展经济、强化自身建设的同时，坚持“大碗茶广交九州宾客，老二分奉献一片丹心”和“振兴古国茶文化，扶植民族艺术花”为经营宗旨，将文化与经济作为企业腾飞的双翼，相互促进，协调发展。如今，“大碗茶”早已家喻户晓，成为北京民风民俗的代表之一；老舍茶馆驰名海内外，是海外华人寻根、外国人寻味的精神乐园，成为展示民族艺术文化精品的窗口，架起了一座联结世界人民友谊的民间桥梁。

《前门情思大碗茶》唱的就是这里的“老二分”茶摊，在老北京六大茶馆形式中，这叫“野茶馆”。过去的“野茶馆”就是在大道边上、各个城门外头开的茶馆，用大海碗盛装茶水，遇有客人走累了，过来喝口水、歇歇脚儿。在“大碗茶”您仍能花2分钱，喝到一碗香香暖暖的茉莉花茶。

企业文化

1979年，大碗茶创始人、当时宣武区大栅栏街道办事处干部尹盛喜先生，为解决街道待业知青的就业问题，主动放弃“铁饭碗儿”，带领几名待业青年在前门、大栅栏一带支上茶摊，卖北京人爱喝的大碗茶。每碗二分钱的大碗茶不仅为过往前门地区的人群提供了一个喝茶歇脚的方便，而且成为当时待业青年们的谋生手段。

至今，老舍茶馆现在仍然保留着这样一个“老二分”茶摊，卖的还是老北京人最爱喝的香片——茉莉花茶。一个是为了继续方便往来路人

解渴，因为两分钱就可以喝到一碗香香暖暖的茶水，非常实惠；再一个是为了给大家留个念想，毕竟大碗茶伴随了几代人的成长，虽然它现在退出历史舞台了，但经历过那个年代的人，再看到它时，会勾起许多美好的回忆；还有一个更重要的意义，就是让我们的全体员工，牢记老一辈创始人艰苦创业的精神，今天的一切都来之不易，永远不要因为取得一点成绩而骄傲。

1987年，有着强烈社会责任感，热心于美术事业的北京大碗茶商贸集团公司和北京老舍茶馆创建人尹盛喜先生，出资赞助中国美术界协会70多位画家远赴新疆，重踏丝绸之路考察写生，历经三个月的长途跋涉，创作700余幅书画作品，并于1988年在中国美术馆成功举办“丝绸之路考察画展、摄影展”，创中国美术史一大奇观。

1988年12月15日北京老舍茶馆成立，在80年代文化设施相对贫瘠，传统文化艺术正处在低谷的时期，开办一家以弘扬传统文化为使命的休闲文化场所，老舍茶馆得到政府部门、社会各界，特别是文化艺术界的大力支持和赞同。时任全国政协杨静仁副主席亲自出席老舍茶馆成立大会，老舍夫人胡絜青先生为开业剪彩，社会各界名人嘉宾共300多人见

证了这一历史时刻。

1994年1月15日，美国前总统老布什先生慕名作客老舍茶馆。为了给远道而来的布什先生一个惊喜，老舍茶馆创始人尹盛喜先生特意订制了一个绘有美国国旗图案的大蛋糕；在一个小时的活动中，京剧《跳财神》、口技、双簧的表演给布什先生留下了深刻印象。演出结束后，布什先生健步走上舞台与大家合影留念。

以色列副总理西蒙·佩雷斯先生先后曾两次来到老舍茶馆，他的到来还有一个感人的小故事。1993年他第一次到来，那天正逢以色列的传统节日——“苦人节”，苦人节当天所有以色列人是不能乘坐任何交通工具的，可一心想做客老舍茶馆的佩雷斯先生对规劝他更改行程的工作人员说：“我们可以步行到老舍茶馆。”当时他住在王府井的贵宾楼，虽然离老舍茶馆并不算远，但毕竟是一位老人，一路走来终归会很劳累的，这一举动让我们全体员工都很感动。没想到，为了不延误演出，佩雷斯总理竟一路小跑地上到三层，这让我们感动到不可思议，而更让我们感动的是，他上到三层后，居然问我们的第一句话是：“我是不是迟到了。”真没

想到这位总理大人是这样的平易近人，更没想到我们所弘扬的中国传统文化会对一位外国领导人有如此高的吸引力，这也坚定了我们将此项事业坚持到底的决心。

2005年4月28日，老舍茶馆接待中国国民党主席连战率领的和平之旅大陆访问团成员。连战先生品饮了大佛龙井并接受尹智君总经理赠送手绘盖碗。当晚他观看了艺术表现形式丰富的节目，其中包括京剧《闹天宫》、巧耍花坛、川剧变脸等经典节目。此行，连先生的亲笔题字“振兴茶文化、祥和两岸情”原件已捐赠给中国国家博物馆，2005年7月1日，连战先生发来对茶馆的感谢回函。

摩纳哥元首阿尔贝两次做客老舍茶馆，他是与老舍茶馆两代领导人结缘的第一位政要。1999年6月11日，他第一次以王储身份来访，由创始人尹盛喜先生接待。事隔8年后的2007年4月24日，已是摩纳哥元首的阿尔贝先生再次光临老舍茶馆，由第二代掌门人尹智君总经理亲自接待。

老舍茶馆
LAOSHE TEAHOUSE

清香林茶楼外景

温馨的港湾

——记北京清香林茶楼

“山不在高，有仙则名；水不在深，有龙则灵。斯是陋室，唯吾德馨。”在茶馆林立的北京，有一个幽静的去处，她不奢华但宁静舒适，不张扬却魅力无限，人们趋之若鹜。在喧闹的都市中她如一朵奇葩，以独有的韵致引得茶客盈门，她就是位于北京万寿路附近的清香林茶楼。她的魅力究竟在哪里？

主推徽茶，弘扬徽派文化

茶馆大同小异，其品味却各不相同。徽派文化，具有婉约的人文气息，不俗，不涩，不燥，就像徽茶一样明显。“清香林”茶馆老板是安徽人，自然把徽茶作为茶馆的特色茶。徽州茶道讲究以茶立德，以茶陶情，以茶会友，以茶敬宾；注重环境、气氛，以求汤清、气清、心清，境雅、人雅、器雅。身在北京，来到清香林茶楼，也能体验到德艺双馨的徽派文化。

安徽有名山，名山产好茶：太平猴魁、六安瓜片、黄山毛峰、祁门红茶……每一个茶名背后都有一个美妙的传说。茶香袅袅，茶韵悠悠，品茶也是在品历史，品文化。在这里，徽茶成了主角，安溪的铁观音、云南的普洱茶、西湖龙井、碧螺春、中国台湾茶等甘当配角，“俏也不争春”，组成了一个和谐的大家庭。

好茶必出自名山大川，泡出好茶必须依靠好水。清香林茶楼的水是从安徽运过来的山泉水。很多人都有这样的经历，出外旅游，在一个景点尝到了好茶，买回来到家里一喝感觉就变味了，于是怀疑是不是受了骗，买的是假茶。其实一

样的茶，泡的水不一样，品质自然也就不同了。清香林茶馆的特色何在？清澈、甘洌的安徽霍山泉水冲泡远道而来的安徽名茶，正可谓名泉伴名茶，浓沏淡冲总相宜了。

身为安徽人，清香林茶楼老板，担当着传承徽派文化重任，又把徽菜、徽茶作为描述茶馆经营思路，真可谓恰到好处。在这一点上，清香林茶楼真的惹人喜欢。

营造家的温暖，打造最闲适的平价茶楼

“清香林”经营的是一种文化，更是一种氛围。

“清香林”，是城市中的一片绿洲，它没有奢华的装饰和高贵的气息，简约的装修风格，给人以舒缓、温馨、悠闲、亲和的感受。在里面喝茶，音乐是轻的，说话声也是轻的，宁静与悠闲真正回到你的生活里。坐在清香的茶室里，还没开始喝，心就随着暗香浮动醉了。

走进清香林，有一种“回家”的感受。茶舍中，几组漂亮舒适的布艺沙发，一个木头茶几，一把陶壶、一只茶杯，带着点随意和慵懒，或坐，或站，或躺，让自己随心所欲融化在茶香中。

走进清香林，能感受到大山般的胸怀。来到这里，可以品茶，可以聊天，可以学习，静静的，没人打扰。茶客中有老年人、年轻人，还有孩子。茶馆大厅里没有时间限制，一杯茶20多元钱，可以在大厅里待上大半天。

价目单十年不变，用真情演绎品质

“不是我不明白，这世界变化快，你不必太奇怪。”

说起清香林的不变法则，你可能更会奇怪：清香林茶楼成立于2001年底，历经10年了，茶叶年年在涨，比开业的时候涨了五六倍，茶单价格却没有变过。他们是如何做到这一点的呢?

茶馆老板介绍说，她们的经营理念就是：用心做事儿，用情服务。对饭店而言，只要有拿手的菜，就不怕无人知晓；茶楼则不然，它抓住客人的不在于这杯茶，而是在于茶楼的一些服务，一些细节。来到茶楼的客人除了生意洽谈以外，往往是来放松、享受和交流的。在服务的细节上让客户舒服和满意，还针对不同客户进行个性化服务，最大限度满足客户的需求，用心去把茶楼的品质做到极致。这是她们取胜的一个法宝。

清香林

谁持彩练当空舞，茶楼行业百花艳。清香林茶楼就是都市里的另一道风景线，用真情演绎不变的品质，像一只美丽的蝴蝶款款地飞进你生活的窗口，像一缕温柔的春风轻轻地拂过你的心头，必将为人们的新生活带来更多的欢声笑语和温暖、甜蜜。

玉恒祥

都市减压阀

——记北京玉恒祥茶楼

曾经，他爱喝爱尔兰咖啡。

曾经，她爱喝卡布奇诺。

一见钟情，相见恨晚的他们，曾经和众多的80后一样，喜欢在某个下着淅淅沥沥小雨的下午，抱着笔记本在静谧的咖啡馆，一起窝上个半天。

从恋爱季走入生活的某一天，他们忽然爱上了喝茶。放弃了咖啡，就仿佛放弃了生活的泡沫，他们越来越有生活的存在感。

从立顿红茶到铁观音，从碧螺春到普洱茶，越品越爱，于是，年轻的他们，决定开茶楼。

每一座现代都会的上空，都游荡着一个幽灵，它的名字叫做“压力”。

生活于其中的现代人，表面上光鲜亮丽，实际上多承担着生命不堪承受之重。

诚如睿智的马克思所指出的那样：“劳动为富人生产了奇迹般的东西，劳动生产了美，但是劳动却使劳动者变成畸形。劳动者创造的价值越多，自己越没有价值感。他在自己的劳动中不是肯定自己，而是否定自己；不是感到幸福，而是感到不幸；不是自由地发挥自己的体力和智力，而是使自己的肉体受折磨、精神遭摧残。因此，劳动者只有在劳动之外才感到自在，而在劳动中感到不自在。”

我们每天奔波在永无止境的路上，忍受着事业生活的连番碾压，榨干的不仅仅是青春的血液，更多的还是那些曾经五彩斑斓的美丽梦想。经验在长，业绩在长，工资在长，却都比不过压力的增长。我们越来越忙，越来越累，却越来越失去存在感。

都市生活的快节奏，让我们已经无暇，哪怕是头顶清澈的蓝天，林立高楼之间夹杂着的狭缝都不能引起人们的任何注意。漂亮的灿烂星光，现如今已经无人关心

它们的存在了。快节奏压缩了我们的休闲，更压缩了我们的人生。

我们拥有的，远远比不上失去的。于是，挣扎在喧嚣繁杂的我们，心底都有一丝企盼，希望能够在疲惫沉重的生活工作压力之余，可以有一份别样的心情体验。

玉恒祥，一个释放工作压力的地方

生活不仅仅是为生而活。在一番忙碌追逐之后，我们还应当追求品位、格调，懂得如何去休闲放松；毕竟，工作不是生活的全部。

疲了，倦了，烦了，我们都需要一个把工作暂时忘记、可以宣泄并且埋藏心情的地方。

这样的地方可以外表嚣张，但内在却一定要冷静平和；这样的地方可以简陋可以豪华，但是一定要能够跟雅致搭上几许关系；这样的地方不必人来人往也忌讳鸦雀无声，最好有气息不嘈杂……

孕育在老北京新气息中的玉恒祥茶馆，无疑就是一个满足现代都会人精神需求的理想释压场所。

周围车水马龙，内里古色古香。穿越过古典大器的门框，仿佛时空穿越一般的体验，让人的心平静了下来。

径直往里走去，雅间大小不一，私密性和舒展性尽恰到好处，不禁让平日里受够了工作压力，习惯了绷紧神经的现代人眼前一亮，眉头舒展开来。走廊两旁挂满了各类行家的书法，行云流水般地映入眼帘。这种简约不简单的气魄，相信是每一位来此品茶的茶友都能够感受得到的。古色古香无形中给人一种魅惑，不禁联想到了敦煌的壁画，尽管没有凤舞九天的华丽，但是也有与之相比的肃穆。此时的心情，不知道会让多少郁郁寡欢的心情得到慰藉。美酒易得，知己难求。玉恒祥茶馆，在这个只知道飞速前进的时代，等待着有缘人一起品尝片刻的寂静。

年轻的玉恒祥老板在走过柳暗花明的经营历程之后如是说：“在追求成功幸福的旅途中，不管你是在心里有着明确的未来畅想，还是在脑海里存在着短暂的迷

茫，都需要有这样一个地方，让自己的思绪冻结，重新梳理上路。”

浮生偷得半日闲，择一闲暇，逃离都市人声鼎沸的繁华，步入玉恒祥的和谐宁静，涤去心灵的浮躁，一份美丽的心情便油然而生。

心烦意乱时，一个人来玉恒祥茶馆，在那袅袅升起的茶烟中，心平气和，冷静思考，即可展望到努力可达的未来。或者，邀上三五好友，一起把盏闲话，积郁无形间便可释怀。

玉恒祥，一个寻找精神唱和的佳所

都市人最大的心病就在于漫无止境的孤独和寂寞感，无处安放的情感可以将一个活生生的人变得颓废。

都市生活的复杂化、多变性，给生活于其中的人们的恋爱、婚姻、家庭生活的稳定性带来了越来越多的冲击，使得人们之间的情感联系薄弱，情感受挫的机会增多，从而降低了人们对情感生活的信心。

热爱浪漫的玉恒祥老板夫妇，希望提供一个场所，充实都市人的情感空缺，重拾都市人对爱情的信心。

在玉恒祥茶馆，只要坚信自己拥有足够的幸运，就能够在茫茫人海中，遇到一个足以唱和慰藉的飘荡心灵。相同的选择，必定暗示着将要发生的故事。

带着孤单寂寞的思绪而来，却挟着一丝挂念离去，这种相遇未尝不是一种更加难得的浪漫呢？此时无声胜有声，两人无需任何的言语，只看那倾入茶杯的水沸腾，水花散开，起起落落的，是那一丝一缕的茶叶在流淌的世界里翻滚。神情流转的眉眼间，心与心的交流你来我往，已然转了几个来回。

玉恒祥，一个摆脱亚健康的地方

如今，面对着屡见不鲜的“过劳死”、五花八门的职业病，如何养生已经不是退休人士专属的思考题目了。

玉恒祥

饮茶，品茗，是一种雅兴，亦是一种养生保健之道。这是玉恒祥老板的独特经营理念。与其他同业相比，玉恒祥茶馆的一个特色就是它注重养生保健。在这里，顾客不但可以享用到顶级的红茶、黑茶或者绿茶，还能够品尝到独制药茶。

在玉恒祥茶楼，随处可见一种乍看像韭菜花的盆植，其实它是来自彩云之巅的云南三七花。不管是新朋，还是旧客，来到玉恒祥，主人必定捧来一杯三七花茶。这可以说是玉恒祥茶楼的一个亮点。喝一杯甘凉的三七花茶，工作带给我们的肝火、头昏、目眩、耳鸣、咽炎……立马都成为了浮云。

除此之外，玉恒祥还提供普洱茶、金莲花、金银花、白菊花等系列保健茶。物质时代，更要关注健康，这是玉恒祥不断传递给消费者的身体管理意识。

玉恒祥，一个让年轻人爱上喝茶的地方

谁说一定喝点咖啡才叫小资？

玉恒祥，就是要让年轻一代迷上茶，把小资情调从咖啡厅搬到我们古典的茶楼。

端一杯如艺术品的香茗，给人的感觉和那些卡布奇诺，爱尔兰咖啡是不是迥然不同呢？

咖啡让人的脑细胞被动地兴奋，苦涩之后是不得不继续埋头苦干的纷繁工作，是没完没了的免费加班。而只有真正沉浸在了这份烟雾缭绕的淡雅之中，我们才焕然一新，寻回曾经最真实最可爱的自己。

曾经，在多数人的认知中，品茶，似乎都是年长者该做的事情。一群白胡子老头，凑在一起，喝喝茶，晒晒太阳，以飨天年。

可是如今，越来越多的年轻人，开始将自己的休闲内容向自己的长辈靠近。或许是因为现如今的咖啡馆，更多时候感觉像是快餐店，熙熙攘攘，匆匆忙忙。复古潮流开始盛行，势头正劲，人们开始关注中国传统的东西，年轻人更是要走在这股潮流的前端，并且继续发挥自己无时无刻的创新精神。

玉恒祥年轻的80后楼主，更是愿意承担弘扬这种中国传统文化的使命。

走进玉恒祥茶馆，没有夜店里的嘈杂喧闹，没有夜夜笙歌的放纵疲惫……映入眼帘的，只有无处不在的绿意生机、希望与清爽。三三两两，相聚闲谈。这样简单不无聊的生活，让白天筋疲力尽的年轻人们休息彻底，放松至极。

让年轻的一代，开始对喝茶说爱你，这一切在玉恒祥茶馆，都不是无稽之谈。

无论之前的心情或者遭遇怎样，只希望身在其中的时候，可以懂得什么叫做合适的忘却，什么叫做了然之后的明澈。只因为在与生活隔绝又相关的不远处，涉世未深的年轻人在这里也能够寻到人生故事的别样味道。

有人说，一个人的气质就跟泡茶一样，是在成长过程中慢慢修炼出来的。泡茶的第一道工序是洗茶，先将所有污浊清洁掉，才能散发最美的茶香。做人也是，慢慢修炼自己。

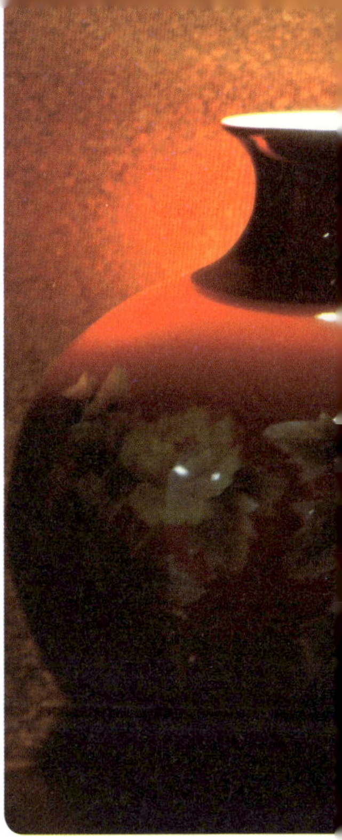

刚刚学着体味人生百态的年轻人，大概都希望能够有朝一日，修炼出如此这般的气质，那就先来玉恒祥茶楼坐一坐吧。

玉恒祥，一个让普通老百姓可以享受尊贵的地方

谈起喝茶，这在人们的旧有观念中，是只有达官贵人阶层的人才能够享受到的人生体验。寻常百姓，哪里知道品茶，渴了累了，喝口凉白开就得了。

在玉恒祥茶楼，有关品茶的一切幻想与需求，都能够在这里得到满足。

谈到物美价廉的东西，很多商家都爱这样形容自己家的商品与服务，那就是：茅台酒的品质，二锅头的价格。个中寓意，一目了然，用来形容玉恒祥茶馆的服务与收费，也是非常恰如其分。

玉恒祥的热血楼主，脑子里有的是新事物新思想。和那些只在乎一时利益大小的商家不一样，玉恒祥茶楼，意在通过自己的努力与坚持，为社会大众打造全新的饮品习惯。这既是年轻一代对中国传统文化习俗的尊重与继承，又是在各种新文化的冲击下，渴望打造出自己的一片天地的果断与勇敢。

无论你是独自思考工作或生活中遇到的难题，还是与生意伙伴或者至交好友来

此座谈，都可以用最低的消费，享受到玉恒祥茶馆全体员工最热诚的服务与接待。

说到这里最迷人之处，我想或许还是因为这里不但有山西商家的诚信积淀，还弥散着东北姑娘豪爽的气味。与其说这间店倾注着两地风情的心血，倒不如说是两个真诚生活的人的爱的结晶。席慕容曾经在一首诗中这样讲述缘分的妙不可言：我在佛前求了五百年，才换回了今生与你的一次回眸。

两个天南海北的青年，机缘凑巧，在这茫茫人海中唯独捕捉到了彼此的眼神。而更加令你我感受到幸运的是，我们还有机会一起在此品味他们共同为我们献上的淡雅香茗。个中滋味，并不是用简单或华丽的语言就可以描述清楚的。

无论生活怎样，时刻记得未知的将来还是会有无数个可能性，缓缓却势不可挡地向我们淹没而来。这样的体验，没有惊险，也无关刺激，但是无可否认，会让我们留恋。

泉茗缘

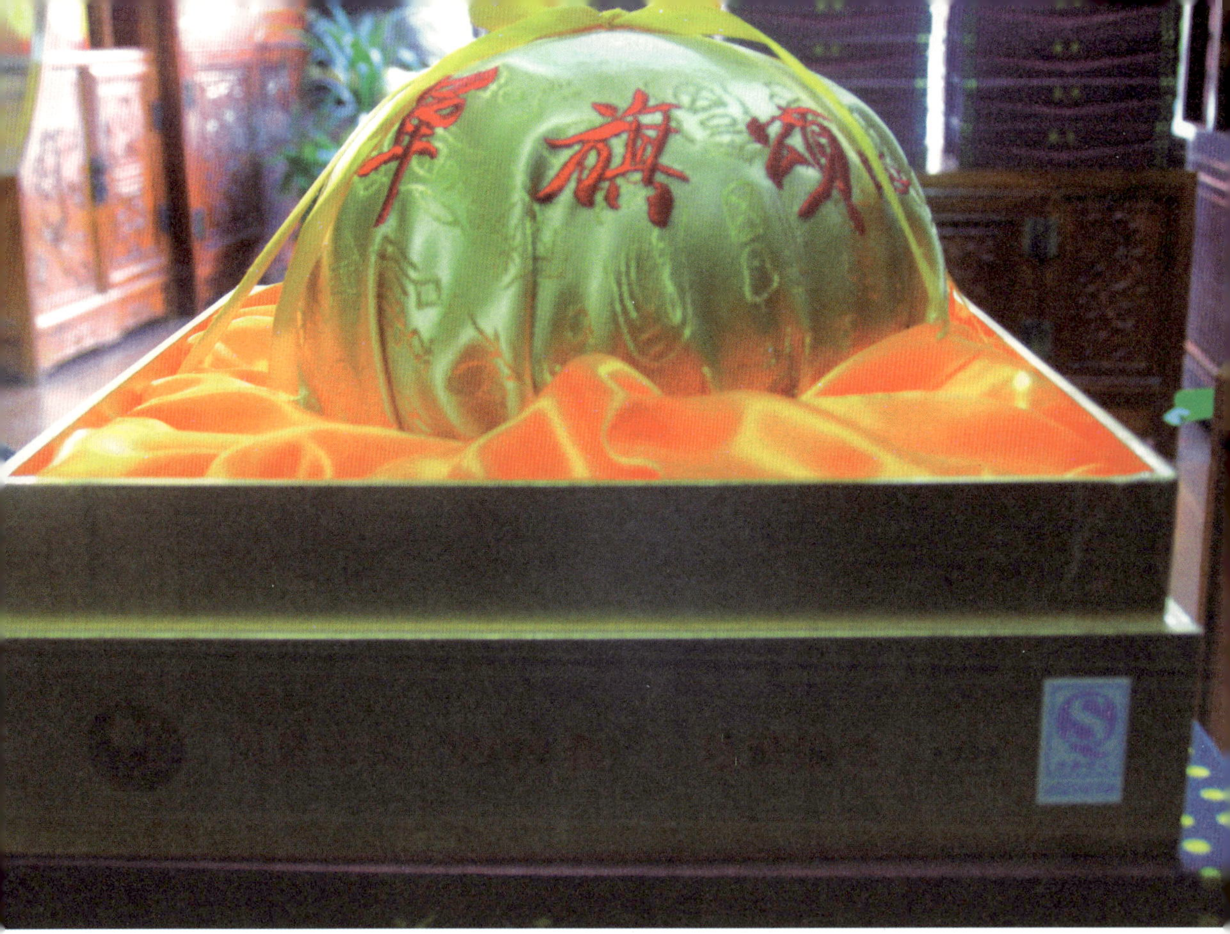

一场泉水与茗茶的爱恋

——记北京泉茗缘茶店

看过《红楼梦》的人，无不感叹于这一场倾倒众生的“宝黛之恋”。在曹雪芹笔下，宝黛的缘分这几世的祈福，早从那神瑛侍者和绛珠草的相遇就开始了谱写。或许是感念神瑛侍者千年一日的浇灌，绛珠草倾心相许，那句“他是甘露之惠，我并无水还他，但把我一生所有的眼泪还给他”，不知道打碎了多少相思人的眼泪。

一直都称自己为半个文人的罗云华，也同样感动于如此境界的情感。在这个即将走入不惑之年的商人书生眼中，人生的意义，远远跟走过岁月的长短没有关系，更为重要的应该是内心的充实与丰盈，以及那周边有一个值得守护值得奋斗的理由。

有句歌词曾经这样写道："世界很大，可是偏偏让我遇见了你。"当中的调调，就颇为适合罗云华与娇妻的相遇相识。从这个角度来看，那么罗云华，无疑是幸运而又成功的。

一个是地地道道的湖南帅哥，一个是娇小玲珑的南方妹子；一个是积极向上，喜好登高望远，一个聪慧能干，中意远方风景；一个性格少许内向，但骨子里一直潜伏着一鸣惊人的能量，一个热情健谈，爽直灵秀，脸庞总是带着甜甜微笑……

罗云华，就像是一汪甘醇的泉水，只有越发细心接触的人，才能够真切地感受到他的珍贵；而张应秀，则更像是一品茶茗，所有的宜人清香，所有的平和雅致，都只为等待与水的相遇。

才女卓文君曾经作词《白头吟》：凄凄复凄凄，嫁娶不须啼。愿得一人心，白头不相离。这是两人对彼此邂逅最美丽的诠释。而这一场泉水与茶的碰撞，更是在无从预见的情况下，诞生了一个更为优秀的产物——那就是泉茗缘国际茶文化发展有限公司。

有人说，命运之轮在冥冥之中总是多少都有那么一点提示。妻子张应秀祖籍湖北天门，是中国古代茶圣陆羽的家乡，而罗云华从小喜爱文学，追求淡雅的生活方式。二人一拍即合，从此就将彼此的人生相交于这一片茶香茶园之中，而性格上的互补互助，更是使得两个人在短短几年，就将泉茗缘的事业经营得风生水起，有声有色。

或许是在岁月的流逝中吸取了很多文人雅士的智慧奇葩，或许是在观察与思考的路上总结了不少前人同辈的经验教训，对于很多熟识的朋友来说，罗云华总是被赋予精明强干的印象，而天生就容易跟陌生人熟识的一脸诚恳，更是使得这份以茶会友的生计如虎添翼。

泉茗缘位于北京著名的茶街马连道，只是单听名字就很容易让人联想到古时候的茶马古道。马连道地处北京宣武区西部，西邻西三环路，北靠广安门外大街，与北京西客站隔街相望，交通便利，此为地利。

2007北京
马连道
茶
文化节
马连道中国特色商业街
十强品牌茶企业

2007北京
马连道
茶
文化节
发展茶经济　弘扬茶文化
连接茶产区　繁荣马连道

而自从20世纪90年代初期开始，一些颇有茶文化素质底蕴和勃勃的创业雄心的南方茶商入驻此地之后，就开始为马连道书写一个全新的地标注解。这里云集了全国十个主要茶叶产区的700余家茶商，每年的销售额都能够突破十亿元大关。短短十年的发展时间，马连道早已经成长为京城茶叶第一街，以自身强劲的魅力吸引着全国爱茶经营茶商人的眼球，此为天时。

而作为马连道中国特色商业街“十强品牌茶企业”，泉茗缘茶庄1998年成立，2003年注册，发展至今，主要经营普洱茶，食品包装及组织文化艺术活动，已然变身为一个横跨产供销一条龙服务的全能企业。

泉茗缘在北京及外埠共有连锁加盟店多达28家，各界荣誉也纷至沓来，曾被评为湖南省农业产业化优秀企业，是国家环境保护总局优秀茶叶供应企业，而在2004年又受邀参加湖南炎帝陵祭祖大典，因为其优良的特质，泉茗缘茶被指定为大典贡茶。2005年组织参与云南马帮瑞贡京城大型普洱茶文化系列活动；2006年参与湖南望城首届茶文化论坛暨洗心禅寺落成庆典开光法会，泉茗缘茶被指定为特制茶；2007

年第三届全国警察汽车拉力赛被指定为特贡茶；而在纪念建军八十周年之际，泉茗缘量身定做的精致“军旗颂”龙团茶，亦被指定为特制礼品茶。

罗云华是一个讲究字眼的文化商人，也是一个外表粗犷内心感性的性情中人。在他自主创业之时，仅仅因为喜爱一句“泉乳茗馨,茗偈善缘”，就为公司取名泉茗缘。从此，千年古茶树的芽孢在这片宽广的心海中生根发芽，弥散出一片片清香悠长，沁人心脾。而偶有机缘听罗云华浅谈当初的创业与发展，不逊欣赏着一首贝多芬指尖跳跃出的命运交响曲，令人振奋，不禁也激情满怀。

一走进茶店大门，上方高悬着黑底金字的“泉茗缘”三字匾额，醒目大气，典雅精湛。而矗立在两旁典雅的立柱，又贴有这样一幅应时应景的对联，曰：“泉润已逐松风致，茗馨善结泉生缘。”醇香的茶茗文化气息，早已经扑面而来。

罗云华不仅仅是茶品的推崇者，更是茶文化的忠实粉丝。在他的店里，不仅供奉着中国茶圣陆羽的雕像，室内更是摆满了琳琅满目的各种名茶及茶具等，个中精

致与文雅，让人眼花缭乱，应接不暇。而墙上悬挂着的又是主人与茶行名家、社会名流、书画名家等的合影和字画，让每一位顾客都能够真切感受到以茶会友的美好与欣喜。

“文化决定价值。”对茶文化有着自己独到而又深刻见解的罗云华，一直被大家尊称为茶行里的儒商。每当被问起茶与茶文化关系之时，他也总是能头头是道，说出自己的一番见解，他说：“中国茶是一种深沉的文化。茶文化当然以茶为本，继而是以文化而领之。茶，首先是饮品，没有茶，只不过是空腹的望梅止渴，而无文化则成为无味的狂饮。中国文化源远流长，绵延五千年。它融五行阴阳辩证法，道家的天人合一，儒家的中和，释家的慈善为怀而博大精深，其核心是和，和也者，天下之达道也，这也在无形中构成了中华民族的和谐精神。”

作为一个真正爱茶，真正静下心来去了解茶，去读懂茶的人来说，罗云华觉得自己的生命已经俨然离不开这份清香。他曾经在参加普洱市政府的一个茶叶科学新

闻发布会上说道：“把茶叶的科学理论数据向社会发布，这实属是茶业界的一个盛事，同时，也标志着我们走向科技茶叶的开端。能够用西方的理念，辅佐以数据化，乃至标准化，使得茶叶科学理论能够得到更加清晰明了的阐释，对我们做茶、喝茶的人都是一种幸福，也是值得我们所有饮茶人都值得高兴和兴奋的事情。”

或许，只有挑起历史重担的人，才会走得很远。人生的诱惑可能很多，但是罗云华却甘愿在这红尘纷扰之中，作为一名传播茶文化的使者，挑起历史的重担，伴随茶道的精英们，走向更高，更强，更远……

印家

一杯茶，一捧生活

——记北京印家天生茶馆

中国自古就有很大一批人群极其推崇武侠精神，无论是金庸还是古龙，在这些武侠大师的笔下，最最玄幻高超的，莫过于无招胜有招。他们认为简单，有时候要远胜过复杂。而这样一种理念，于北京印家天生茶馆中，得到了很好的印证。

“我只希望我的客人能好好喝一杯好茶而已。”印家茶主如是说。

好好喝一杯好茶，不同于喝一杯好茶，它强调的是喝茶这件事的纯粹。在印家，没有丝竹之音、管弦之乐，没有诗词之兴、经道之快，没有天地之大、世俗之扰，这里有的只是一个人、一杯茶、一份云淡风轻的心情。

到了这里，我们才恍然顿悟，原来茶是可以这样喝的，原来生活是可以这样过的。喝茶原来可以就只是喝茶，不用理会生意场的纷纷扰扰，不用在意交际场上的蜚短流长，不用考虑生活中的磕磕绊绊，放飞思绪，放慢脚步，让心脏的跳动慢下来，让呼吸的频率缓下来。文明的极致正是返璞归真，而生活可以简约，简约，再简约。

“只是云淡风轻地好好喝茶”，茶主不想给茶灌输任何的内容，因此，在整体风格上，不同于很多茶馆浓郁的古文化韵味，印家把时尚与传统相结合，让人能感受到文化的影子又不觉得压迫，让人能感受到时尚的气息又不会觉得虚浮，古典风加时尚感在印家

的环境、空间、茶器具上完美的和谐着。

“我只希望大家能真正爱上茶”，茶主有点小贪心，他想借助印家这个平台让更多的人爱上茶，愿意跟茶终生相处，因此，在印家，从开发团队到服务人员，都有一个基本的特征，那就是真正热爱茶。“茶带给我们很多美好的东西，我们回馈它的唯一方式就是让它真正内涵的东西能够发散出来，从而影响到更多的人和事。”来印家的人，仔细留意都会发现，周围的服务人员或许不年轻、不漂亮，可是，他们身上都有一种历练过的成熟、积淀下的优雅、热爱下的真诚。

印家茶，早已自成品牌；印家茶理念，更是已然深入人心。很多茶客更是“来一次就爱上了印家”，从偶尔一瞥化身为印家的忠实粉丝。因为在这里，爱茶人更能够全身心地只专注于茶本身的美好，陶醉于茶本身的清香淡雅之中，在缕缕茶香中，生发出许多对生活的畅想。

人生的目标，就像是海船的风帆，大小并不是最关键的，重要的是能够朝着一个方向一直向前。任何一条前进的道路都会布满荆棘与坎坷，在印家老板心中，纯粹的目标更容易坚持。

无论是从茶产地云南、福建和江西等地，承包下数千亩属于自己的茶园，亦或是从一开始就与茶农达好协议控制化肥农药的使用；无论是定期邀请常客散客参加主题鲜明的茶会，亦或是自主创意空间制订，承揽各种单位个人的个性茶定制；无论是一览无余毫无保留地将经营理念倾囊相授，亦或是大方果断放手给予员工自己经营的机会……

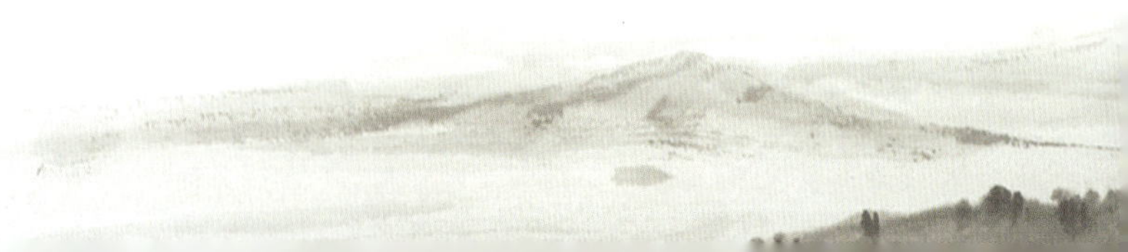

这些点点滴滴，这些琐碎细节，源于对茶的热爱，却又成为了印家品质的保证，成为了印家发展壮大的理由。

印家茶主早已经将灵魂奉上给了茶。一茶一世界，这样一种生活，他乐享其中。而本来安身立命的一项事业，也因为有了爱与牵绊，让人能细细品味到其中蕴含着的文化使命感，感觉到未来生命舞台上仍有无尽的追求在等待。

这样的茶生活，令人期待，更心生向往。

印家茶馆

湘水

北京湘水茶园外景

在追求自立和荣誉的路上

——记湘水茶园

“其实人生就像是一个爬山梯，只要你一直坚持不懈地走下去，那么所有的不快乐都会过去。”张青说。

中国的茶文化源远流长，而张青，恰巧又是一个非常注重生活，懂得欣赏文化有品位的一个女人，所以在她的“湘水茶园”里，处处都是景致，步步都能见风韵。

其实，对于一处茶园来说，装饰的价格还是其次，能影响人流，吸引茶客的东西，还是茶香。

说到湘水文化，最能够代表其特点的茶品，当然是擂茶，此种茶品又名“三生汤”，史料记载的渊源并不是十分的清楚，所以传到现在有两个故事。

第一个说法是，这种功夫茶是由东汉大将马援征战五溪蛮的时候发明的，因为它是用生茶叶、生姜以及生米加水烹制而成的，所以又叫做“三生汤”。茶叶能够提神去腻、清心明目；而生姜则能够里脾解表、散寒温胃；大米，又能够润肠止火、益精强壮，对于很多爱美的女性来说，还能够美肤养颜，真是绝妙之极。

而在另一种说法中，这种文化气息浓郁的香茗，还和三国时期有名的大将张飞扯上了关系。据说张飞有一次率兵路过武陵的壶头山，也就是现如今湖南省的常德境内，因为当地的瘴气太过浓盛，所以很多士兵都水土不服一病不起，幸得当地一位民间

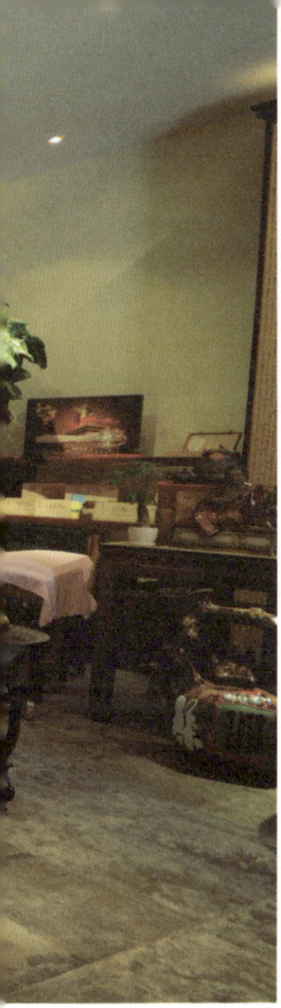

老医生进献出一份擂茶的制作秘方。张飞叫人照做给兵卒们喝掉之后，大家竟然都奇迹般地好了，在表达感谢的时候，张飞说能够遇见这位老名医真是“三生有幸”，所以世人就把擂茶又名为“三生汤”。

美丽的传说，总是让人称道，所以直到现在，很多湘江百姓仍然都相信，喝擂茶可以治感冒去痢疾，更愿意在闲暇之时，与左邻右舍或者亲朋好友，一起来茶馆品味人世间更珍贵的醇醇的情谊。

也或许正是在相似的感情驱使下，湘水茶园在主打茶品普洱、大红袍以及铁观音这些大众极品茶之余，更是悉心将最能够体现自己本土的湘文化特色的擂茶也推广开来。

茶美 水美 人有情

张青觉得，一个人最重要的是知道自己想要做些什么，能够做些什么，然后为了自己的梦想可以付出，不断努力，这才是最关键的。

在湘水茶园工作的员工，每一个都非常拼搏，这不单单是因为一份薪水，更是感激张青对大家的充分理解与信任。生活中张青更愿意把他们看成是自己的朋友或者亲人。她尽心尽力为自己，也为“湘水茶园”的每一个人打造一个梦想中的平台，帮助自己，也帮助他们实现愿望。

有人说，生活像是一个五味瓶，我们逃避不了苦涩，所以才更加珍惜甘甜。如果说相遇简单，只需片刻；而忘记却很难，往往需要我们一辈子的时间。但是在来过“湘水茶园”，记住“湘水茶园”之后，我想我们是再找寻不到任何理由，来把她忘怀。

同样是爱茶的女子，在海峡对面一样倾心于茶香情的台湾一位女作家简女贞，也曾经说过：“喝茶，岂不是在喝十丈红尘。”我想，总是把艰难放在夜深人静的独处之时，而常常把欢笑、幸福、和谐、收获奉献在大家面前的张青大概也会深有同感吧，毕竟于这短暂人生之中，能够有机会品到纯正的茶之真味，茶之至味，怎么说也算是对自己人生的一种眷顾。此生，能够有相守的伴侣，不散的茶香，又还有什么遗憾。

润宏富

茶香不怕胡同深

——记润宏富茶馆

杰利密·泰勒曾经这样写道：友谊是我哀伤时的缓和剂，激情的舒解剂，是我们的压力的流泄口，我们灾难时的庇护所，是我们犹疑时的商议者，是我们脑子的清新剂，我们思想的散发口，也是我们沉思的锻炼和改进。可是在电子产品愈发先进的时代，人与人之间的交流，似乎开始越来越限制在了键盘到键盘之间的距离，友谊是离我们近了，还是远了？

设想，一个天气清爽的午后，抑或云霞满天的傍晚，三两好友，悠闲自在地踱步于斗转千回的胡同左右，觅一处安静之所，举杯品茶香，忆忆往昔，诉诉衷肠，心有灵犀间相视一笑，那是多逍遥的一种感觉！这样的友谊是多么清晰的影像通话，多么强大的聊天室，都不可比拟的，这样的友谊多么香醇，这样的友谊多么让人向往。

润宏富就是这样一个让友谊步入现实的地方。

与茶相识、与茶相知

张闻天说，理想的生活，就是为了自己生活的理想而努力。而在润宏富店主看来，他的生活内容，已然在多年之前，就完全交付给了茶茗飘香。

在选择润宏富茶馆之前，店主已经做了相当一段时间的茶贸易。虽然是因为生计相识，可是，中国茶悠久的历史，引人入胜的茶文化，令人着迷的纷繁品种，高雅脱俗的茶艺茶技，还是让他对这份艺术瑰宝日久生情。

在商场中奔波许久，任谁都会觉得疲惫，可是如若每日接触的都是自己喜欢的内容，那么生活里应该会增添几许快乐，又考虑到北京是个天作的文化中心，而繁忙的现代人群更是迫切需要一个可以坐下来聊聊心事，谈谈生活的私密场所，于是，店主决定把自己对茶的热爱延续到茶馆上。

而北京的特色地域，除去那方方正正的四合院文化，自然还有这内装乾坤万物的胡同精髓。于是，润宏富就这样诞生了。只不过，胡同虽充满北京地理气息，可是也因为自身局限不方便客人停车，但是既然是为了寻得这半日清闲，那么想必这些代步工具，也并不是必须的随行物品了。

胡同巷里，邻家女孩

润宏富来往宾客虽然少些，这更显出了一种独有的“淡泊”、“宁静”的风味，很多顾客就是冲着这份清静来的。这里来来去去都是些老面孔，大家都是朋友，或者是朋友的朋友，或者是朋友的朋友的朋友，大家聚在一起，讶然就是一个小聚会外的大聚会，一个大圈子里的小圈子，身处其中，全然没有丝毫的陌生，让人格外有归属感，与其说这里是一个消遣的地方，不如说这里更像是大家的家。

在润宏富，一切都很亲和。价格上主打亲民路线；茶品上，他们会伴随着季节为茶友量身推荐不同的茶品，夏天喝点去火的绿茶，冬天喝点暖胃的红茶；饮用方式上也很随意，想解渴的话，给你上个大杯，喝个畅快淋漓，想细品的话，给你来一套功夫茶，慢慢品尽各种滋味。

如果说繁华路段上的高档茶楼是大家闺秀，名胜之地的特色茶楼是小家碧玉，那么，胡同里的润宏富更像是邻家女孩，不张扬、不做作，落落大方的坦诚待人。虽然没有太多的讲究，可是在原则问题上绝不会有丝毫的含糊。润宏富店主就一直强调，既然做的是入口的东西，就得为顾客负责，不管是茶源，还是冲泡，润宏富都力争分秒细节都把握住。

生活从来都不是简简单单的，但是也正因为这样，我们才更加有信心每天睁眼去欣赏一个全新的世界。昨天经历过风雨，明天也必定会有荆棘，但是无论怎样，努力过好今天，就是我们当下最重要的事情。有的时候，目标简单或许更容易收获满足与幸福。

对于润宏富的未来，店主满怀信心，“没什么可担心的，做好现在就足够了”。如此的情怀，不就是那淡淡的茶香想要告诉我们的吗？

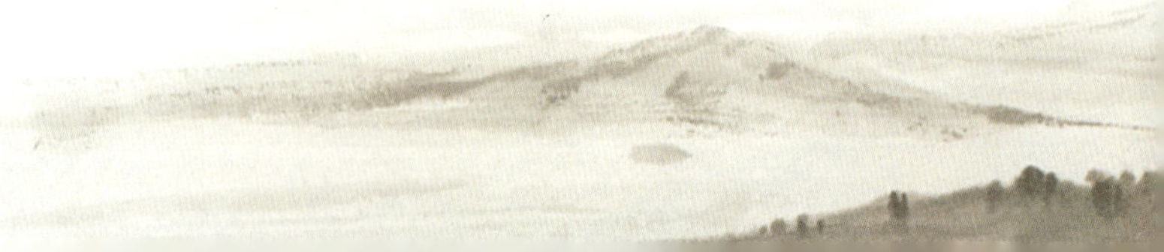

湖心亭

茶馆全景图

百年茶飘香，湖亭两相映

——记湖心亭茶楼

都说华夏儿女，其实仍是一个比较怀旧的民族。相比改革开放以来，很多的政策，或者是生活习惯，都已然推陈出新，旧貌换新颜。但是总有那么一些生活的剪影，悄然无声地提醒着我们，生活的实质其实并未有多大的改变。

在有着“东方明珠”美誉的上海，充行熙熙攘攘的人群和天南海北的口音，每天每个人都在为着将来一点一滴地作出贡献。

生活在大都市的人们，工作起来总是格外地拼命。如果不努力，随时就可能离开。但是一旦到了休闲的时刻，他们也格外地放松。伟大的革命家列宁不是说过吗：“身体是革命的本钱。”他们津津乐道着这样的理念，力争在狭小的休息中，获得最大的能量。

上海的霓虹灯很多，光是想象一下，似乎就能迷了人们的眼睛。但是没有真正走进上海的人不会明白，就是在这样一个灯红酒绿的小资城市，还有一处可以让你的心情陡然沉静，能够有机会思考，人人都向往，都喜爱的地方。

谈到这个地方，上海人总是乐于称道它的历史。有着历史底蕴的东西，当然是经历过了时间的考验。想要追溯它的历史，显然还是需要我们翻开历史书。辉煌的最初，是明代嘉靖年间，由当时的四川布政司潘允端精心构建起来。即便是在当时，古典建筑遍地皆是的年代，它也称得上是豫园内著名的景点之一。

谈到这个地方，上海人总是骄傲于它建筑的精致，地理位置的巧妙。害怕别人听不明白的时候，或许还会搬出小龙女的古墓来。因为那样玲珑精巧、美轮美奂的亭子，亭亭玉立于湖水中央，给人以如入仙境的感觉，在上海人的心理上，实在是无法跟现实中的场景相提并论。

而来到这个地方，不是上海人的顾客，大概又会惊异于它的辉煌业绩。

它是2005年、2007年、2008年，2010年“上海市著名商标”；

它是2005年“最具影响力上海老商标”、“上海市服务诚信先进单位”。

它是2007年“最具特色的上海服务商标”，2007年“黄浦区劳动关系和谐企业”，获“中华老字号”称号。

它是2007—2008年“黄浦区文明单位”，2007—2008年“全国百佳茶馆”，2009—2010年度“全国十佳特色茶馆”。

大概所有的人都开始好奇，这到底是怎样的一个地方，竟会集如此多的荣耀于一身呢？

有心的人，或许已经猜到了，这就是上海现存最古老的茶楼——湖心亭。

“会说话”的建筑

在最开始的时候，这里并不是叫做湖心亭，而是名曰凫佚亭。一直到清乾隆四十九年（公元1784年），布业商人祝韫辉、张辅臣等人才集资在凫佚亭旧址上改建成湖心亭，使之变成他们聚会议事的一个重要场所。

或许是因为在谈事的时候也要备上一些茶水的缘故吧，到了清咸丰五年（公元1855年），这里又被改为茶楼，算起来至今已经有156年的历史了。茶楼的初名也是轩，续改为宛在轩，现在则是仍旧恢复了湖心亭旧名。

经历过风雨吹打，这座静静地屹立于湖心的建筑，也仿佛从当初的妙龄少女，成长为了一个含蓄贤淑的少妇。她没有爽朗如银铃般的笑声，召唤着往来的人们。但是因为岁月的保养，内涵也随着年轮的增长，开始了慢慢而又持久的积淀。如今，她即便只是在那里无声地等待，也会有人想要，一步步走近，期望能够探听到一二，有关她的心事，有关她的心情。

这毕竟也是一座200多年前的古建筑，那楼内的两层楼面，无需做作地修整，也理所当然地能够称得上是古色古香。而里边的结构设计，精心巧妙，茶客们每每走进之前，总是乐于驻足观赏，那感觉就仿佛是现代人参观古埃及的金字塔，只有感叹的力气。

总之，无论是那翘起的飞檐，还是高悬起来的字画，或是那陈旧中更显珍贵的各式宫灯，又或者是那红木桌椅……在湖心亭，历史的印记比比皆是，岁月的歌声处处可闻。

白天，湖心亭古韵风雅，远一点的地方，却已然全都是些钢筋水泥的现代建筑。但是不知道为什么，给人的感觉却是一点儿都不突兀。远远站着，遥望两边的风景，更令人感叹，在时代车轮无可阻挡地向前行进之时，我们仍然能够找寻到一片时间仿佛静止着的清净之地，放缓一下自己的脚步，休整一下自己的心情。

到了晚上，微风习习，微波粼粼。整个湖心亭，完全可以用富丽堂皇来形容。相比白天静立的温和，晚上的湖心亭更像是一个光芒四射的女王，让人还未走近，

就已经臣服。

但就像是朱自清先生在观赏荷塘月色时的感觉一样，即便周围的人群熙熙攘攘，哪怕镁光灯的闪烁接连不断，湖心亭，就那样安静地抚弄着自己的玄瓦朱窗，笑而不语地注视着身旁的九曲桥池，仿佛一座“会说话”的建筑一样，呢喃出“热闹是他们的，我什么也没有”一般的宁静安然。

海纳百川，有容乃大

哲人说过，一份幸福两个人分享，就是两个人的幸福；而一份痛苦，两个人分享，则每个人的痛苦都会减少一半。其实，美好的事物都是这样。湖心亭，从不依仗自己独特的历史背景，就轻易傲慢地拒绝任何喜欢她的人。俗话说，“海纳百川，有容乃大”。湖心亭正是以一个永远接纳的姿态，欢迎着每一位顾客的到来。

在湖心亭，不仅仅有二楼的特色茶，专门用来招待中高档的宾客。在一楼，却是以经营百姓茶为主要项目，极大地迎合了广大工薪阶层爱茶者的需要。

因此，只要是喜欢茶的朋友，都能够来到湖心亭，赏美景，品好茶。如今，每天早上来到湖心亭，泡上一壶茶，已经是很多老茶客们晚年生活中不可或缺的一项活动了。退休在家的老人们，几乎天天来此小坐，仿佛是参加老年俱乐部一般。因为，在这里，他们不但能够悠然自得地休息品茶，还有很多年纪相仿的伙伴们，一起谈天说地。

而在这些湖心亭忠实的粉丝之中，有的甚至都已经与湖心亭结缘，将近五六十年了。他们有的时候甚至会开玩笑说："我们同湖心亭的感情不比自己家里薄呢！"

丰富的茶会与茶艺表演

作为上海最古老的茶楼，湖心亭始终以特色经营和弘扬茶文化为宗旨。悠久的历史，更使得湖心亭成为了上海最早研究卖茶之道的茶楼。早在1989年，湖心亭就已经开始了"喝好茶、品名茶"的经营探索了。

办茶楼，当然好茶是关键。因此，在每年春季新茶上市之时，湖心亭都会派专人亲自到茶叶产地，将收取到的第一道新茶带回茶楼。

作为一个百年老店，湖心亭更是重视茶饮品的卫生。因此，店里泡茶所用的水全部都是经过了严格净化工序的。好茶配好水，因而在湖心亭泡出的茶都特别地清香。

随着近几年来，湖心亭在国内外的知名度一步步提高，茶楼对"茶"及"茶文化"的严谨与执著，也吸引着越来越多慕名而来的中外来宾、知名人士及政府要员。

于是，为了更好地宣扬中国传统茶文化，早在1990年春，湖心亭就成立了上海第一支茶艺表演队。精心训练的高级茶艺师们，为每一位光临湖心亭的顾客，上演一场有关茶的美妙约会。

从那开始，湖心亭每年也都会举办几场富有特色的茶会，让更多人愿意走进茶楼，了解茶的品种文化。比如在春天，会有龙井茶会；在秋天还会有乌龙茶会；每逢中秋佳节，湖心亭还有“竹丝茶艺赏月会”。在茶会上，人们不仅能够品尝到应季的香茗，还能够欣赏到富有民间特色的文艺表演，同茶友们轻轻松松地度过一个美好的夜晚。

此外湖心亭还每年定期推出春节“元宝茶”，每年一届的上海豫园国际茶文化艺术节（自1995年开始举办，至今已连续举办十七届），还有高考期间的“状元茶”，以及“花茶节”等围绕湖心亭品牌而开展的系列营销活动。

这些活动由于对茶文化的推广起了一定的宣传作用，2007年，“湖心亭茶楼茶艺”被列入上海市黄浦区首批非物质文化遗产名录。从此，湖心亭，更是将茶成功地晋级为不同于金银的另一种宝贵财富。

而在2010上海豫园国际茶文化艺术节上，“中国世博十大名茶——2010上海世博会联合国馆专用茶”汇聚豫园，期间20余位由全国各地推选的百岁世博茶寿星，在湖心亭茶楼欢聚一堂共话世博，与数位世博茶仙子亮相九曲桥一展风采，共同唱响了“豫园茶香·韵添世博”的主题曲。

歌声回荡在那九曲桥上，久久不能平息；而湖心亭的美丽，也绝不会像昙花一样，只有短暂的生命。因为同样爱茶的心，让湖心亭人与新老顾客，紧紧联系在了一起。

秋萍茶宴

茶与美食的饕餮盛宴

——记上海秋萍茶宴馆

都说“民以食为天”，对于能够吃进肚子的美味，放眼观世界，还是国人研究得尤为精致。而在中国饮食文化中，闪耀着这样一朵奇葩，不仅注重涵盖了中国美食所要求的色香味俱全，还灵活巧妙地将之与淡香爽口的茶叶完美结合起来，让茶文化灿烂的火把，为更多人所了解，所熟知，这就是——茶宴。

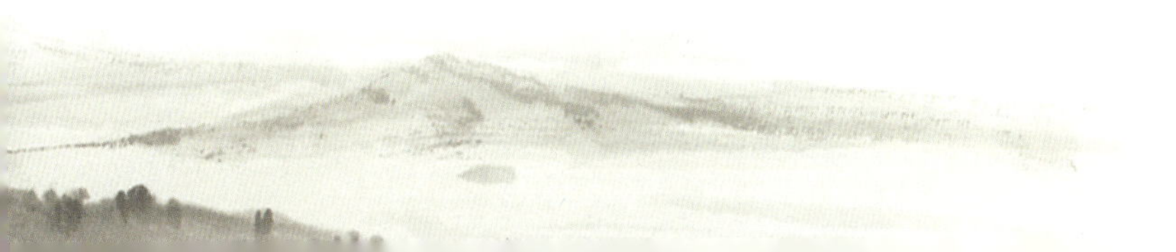

作为中国首家茶宴馆的秋萍茶宴馆，（原名又叫天天旺茶宴馆），在搭建茶与美食桥梁的路上，已经走过了二十年的春夏秋冬。而馆主刘秋萍女士，更是被称之为“中国茶宴第一人”。

刘女士介绍到，所谓“茶宴”，顾名思义就是拿茶来做宴席。传统宴席上调料纷繁复杂，尤其是在做肉类或者海鲜的时候，料酒、五香、八角、花椒、桂皮什么的，更是一个都不能少。而这样，就未免会有喧宾夺主之嫌，但是如果用茶叶来做调料，不但能够去腥、去膻、去臊味、去杂味，反而还能够跟原料相得益彰，将主料的香味发挥到极致。

现代人讲究吃出健康，吃出自然，吃出一份好心情，而刘秋萍女士所创的茶宴为大家展现出来的“五味六色”，正是将美食完完全全地升华为一场精神与味蕾的盛宴。酸甜苦辣咸，与茶的红绿青黄白黑，自然融合到了一起，就像是上天早就安排好的相遇。

很多来过秋萍茶宴馆的人都说：“在这里吃茶，就是在品味一种中国文化。让人们在不知不觉的休闲之中，就充分

草头圈子：当中的圈子和普洱茶一起焖制，普洱茶去除圈子的异味，将圈子的特殊香味充分发挥，口感极佳。

曲院风荷：杭州西湖十景之一。主要吃的是旁边的藕饼，藕饼是由藕片，肉茸、虾茸、茶粉一块制作，外面裹的是面包屑，放在油里炸制而成。

体会到了中国文化的博大精深，不禁对人的想象力五体投地。”

馆主刘秋萍于1994年，曾经创建了第一套经典茶宴“西湖十景”，深受国内外各界人士的赞不绝口，后来又于次年在中央电视台拍摄的52集《话说中国茶文化》栏目中，被列为了“中国一绝”。从此，秋萍茶宴馆的关注度就从来没有降温过，《新民晚报》、《新闻报》、《中国商报》、《解放日报》、《文汇报》等各类知名报社都对这个极具特色的茶宴馆相继做出了报道，荣誉接踵而至，什么“可以吃的文化”，“中国第九大菜系”等不计其数。

为了让更多的人了解中国茶文化，熟知它除去饮茶的另一个层面，1998年，同济大学出版社专门为刘秋萍女士量身出版了《中国茶宴》一书。

此书出版以来，不仅国人尽知秋萍茶宴的美味，就连外国人也都纷纷慕名而来。2002年，日本朝日电视台的卫星电视直播车，就缓缓地驶进了秋萍茶宴馆。

飞流直下三千尺：瀑布是由鱼肉、绿茶粉、香糟一起制作而成。

在总共一个星期的直播报道中，将中国一绝——“茶宴”推出国门，推向世界。此后，紧接而来的还有德国电视台，韩国电视台，以及日本的NHK等国外知名电视台，都以极大的热情与全世界人民一起分享了这道有着深厚茶文化底蕴的美味茶宴。

在众多媒体的竞相推崇中，秋萍女士并没有被掌声与鲜花冲昏了头脑。与员工一起琢磨新的茶宴菜系，仍然是她每天都时刻挂在心头的头等大事。

到了2004年，她又隆重地推出文化色彩更浓的“经典古诗宴”——从李白的“飞流直下三千尺，疑是银河落九天”到张继的“姑苏城外寒山寺，夜半钟声到客船”；从苏东坡的“长江饶浪知鱼美，好竹连山觉笋香”到杜甫的“两只黄鹂鸣翠柳，一行白鹭上青天”……让每一个爱好美食，喜闻茶香的顾客都陶醉其中，赞叹不已。

涤荡了千年的文化底蕴，一个巧妙的念头让古诗跳跃进了茶韵之中，变身成为了餐桌上的佳肴。此时此刻，饮食真正成为了一种艺术，茶茗真正成为了一种文化。此番改进，不仅让秋萍茶宴馆再次受到香港大公报、东方网、上海星期三等媒体很高的赞誉，更是于2004年上海首届餐饮博览会上一举获得了金奖。并在之后的三年中连续被Shanghai Tatler读者评选为上海最佳餐厅。

其实，在中国历史上，“茶宴”是起源于南北朝，兴于唐，盛于宋的，但是刘秋萍女士自创的茶宴不完全是照搬传统的“茶宴”做法，而是在此基础之上，传承并弘扬了传统文化的精髓。古人的“茶宴”，是以茶代“宴”，但是现代人的宴会则更加侧重于情感的交流，以及信息的沟通。

走入秋萍茶宴馆，灯光晕黄中充满柔情，墙壁上白净间写满书香，每一个包间的陈设都兼顾了现代的简洁，以及古典中的沉淀。

有人说，吃，其实既是一门学问，更是一种命运的眷顾。每天只懂得为生计奔波劳苦的人，是不能真切地体会到杯盘之中的奥妙与奇幻的。而每天都算尽心机钻营生活的人，或许也会觉得偶尔享受一下此间的舒适，其实是一种奢侈。

茶农春运：春采时节，茶农喜获丰收，满载新茶的竹排顺流而下。竹排上的茶袋是用蛋清推的皮，里面包的是鮰鱼、松仁、紫霞茶的茶汁，外面是用芹菜丝扎的口，一点红是枸杞的点缀。

但是，对于真正懂得生活，热爱生活，了解生活的人来说，这世界上，还会有什么更加妙不可言的东西，能够比得上此间给人带来的感觉呢？

茶可以啜，汤可以品，菜可以吃，味可以尝，而那茶宴菜肴的韵味却往往最是难以言表。通俗之中满是典故，生活细节遍寻了悟。

人们在追溯茶文化渊源之时，总是喜欢联想到道家“天人合一”，佛家“禅茶一味”的茶道思想。而在秋萍茶宴馆，单单来看那环境的清静幽雅，人来人往的淡然自宜，这本身就是一场让精神沉静的过程。亦或是看那大厅门匾上所书的“道无穷”几个苍劲有力的大字，也不禁会让人感觉到自己的思想境界提升不少。

对秋萍茶宴馆情有独钟的文人，还曾经将之比喻为一场文化的盛宴。那一道道美味佳肴色彩缤纷，犹如一幅静谧祥和的水彩画，无声之中又给人以朝气蓬勃之感；抑或是恰似几卷历史游记，于不知觉中闯进了一片世外桃花源，满眼皆是惊喜，满目皆为绚丽；更有人将之

祁门红烧肉：用20年的祁门老茶泡制而成的茶汤和五花肉一起制作，祁门老茶去除五花肉的油腻，达到色泽红艳，口感肥而不腻，肉香味十足。

比为一场精湛的表演，翩翩而来的总是给人视觉的舒爽，随之相赠的还有那扑鼻的香气。

2009年，世界博览会在上海召开，全世界的焦点尽数投放到这颗闪耀着璀璨光芒的东方明珠。秋萍茶宴馆应时推出了上海本帮菜的改良体系：

无论是用祁门红茶烹制的红烧肉，亦或是乌龙茶巧做的虾仁，还是那普洱茶为羹的草头圈子……为中国传统饮食文化以及茶文化在世界人民面前的展播，写下了浓重的一笔，醒目而又厚重。其中倡导的健康饮食，绿色饮食，更是为业内外人士所拍手称道。

而作为中国茶界的一个知名品牌企业，秋萍茶宴馆多年来也连续被中国茶叶流通协会、中国茶道专业委员会评为全国百家茶馆和特色茶馆。

“路漫漫其修远兮，吾将上下而求索”，刘秋萍女士已然将自己的大好青春奉献在了茶与饮食的弥漫香气之中，我们相信，在不久的将来，充满文化气息底蕴的茶文化和饮食文化，必将会在她的手中，变幻出更多的美轮美奂，给大家带来更多的惊喜。

紫气东来，悠然自怡

——记上海紫怡茶道

其实，每一个城市璀璨的霓虹灯背后，都有着无数对钢筋水泥式枯燥刻板的无奈。在这样的繁杂中待得时间久了，人的心就会格外地渴望一种宁静的平衡。

于是，在每一个没有工作追赶着的慵懒午后，总有人，不分男女老少，无论三三两两，找一个静谧的环境寻一份安宁与放松。而在上海闸北区，紫怡茶道，实在是一个几近完美的所在。

这所极富古韵的人文景观品茗坊，坐落于大宁灵石公园的西大门外，因为就在地铁出口的不远处，所以不会因为交通问题，打磨掉本来轻松惬意的心情。

苍绿的树木枝繁叶茂，郁郁葱葱，迎着时令的花朵你追我赶，吐芬露蕊。那飞檐下挂着的一排红彤彤的灯笼，更让人不由得心生喜悦。而这周围浑然天成的园林环境，自里透外地弥散出一种纯天然的气息。外面空旷的平地上经常有些小孩子玩滑轮，悠哉中夹杂着许多童趣。所以客人们即便只是坐在茶馆中，闭上眼睛用力呼吸，用心聆听，仿佛也能感觉到生命的活力。

紫怡茶道馆，就这样安安静静地屹立于一个角落，遥望着对面的KTV，脱俗雅致，静候着有缘人轻启门扉。

品茶亦是观美展

虽然从外观看起来，紫怡茶道特别宽敞大气，但是走进去就会发现里边儿的设置精巧细致，加上所有的包间，一共有104个座位，所以常来紫怡茶道坐坐的人总会庆幸能够很快地找到一个空位，不管是跟朋友闲聊，还是一个人翻翻小说，都称得上是一种有味道的生活。

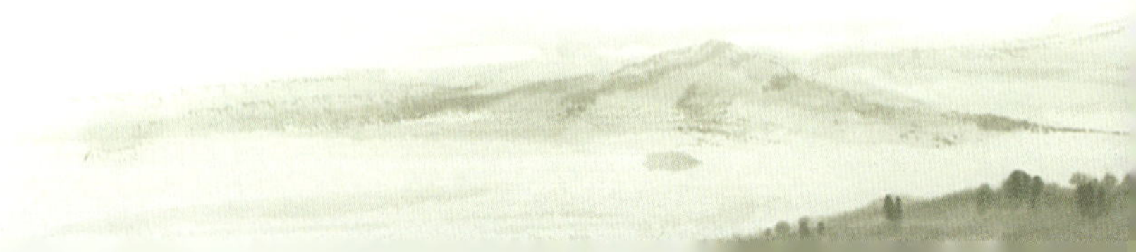

整个茶道馆的装修都是走古典路线，粗硕的门柱上有着用百年榆木雕刻的九叠篆：福禄喜寿和荣华富贵八个大字，两侧还有随风轻轻摇曳身段的紫竹，每每随风舞动就仿佛是在给往来的客人们作揖请安。砌在墙里的每扇窗户，都是从民间搜罗而来，木质的插销朴实无华，各个图案也都是形态迥异，各不相同。

大厅里的两扇大门古色古香，一盏盏极其具有中国特色的宫灯，每到晚上就能带给人一种穿越时间的错觉。一条与茶馆主题十分契合的茶船，又仿佛是一艘诺亚方舟，为每一个对生活工作感到烦躁的人带来希望。而一旁的百子图青花瓶富贵华丽，又让人禁不住安静下来，包括身体还有心灵。

粗观紫怡茶道整体设计，似乎云集了明清样式，但细看又明显地透出强烈的时代气息，这种传统和现代并举的装饰趣味，可以说是紫怡茶道的一种特色。

茶与文化的完美结合，品茶品人生

对于这种装修理念创意的最初构想，茶店老板这样解释道：“对所有茶道的空间创意，古文化装饰固然需要，但是绝对不能照本宣科，因为古文化装饰虽然优雅但有沉闷压抑之感，而当代人寻求的是一种轻松雅致。紫怡茶道，有选择地把传统文化中具有质朴庄重的典型和谐统一的融合在现代空间中，营造出一种幽静、舒适、清馨、活泼的氛围。”

曲径通幽的长廊将整个空间一分为二，一边是素雅简练中式格调的包房，轻薄竹帘随风颤动，自然而然地营造出来一个小天地，既可以供情侣们窃窃私语，悄谈心事，也可以供商务人士不被打扰地洽谈业务；而另一边则是中西结合开放式的雅座，敞亮舒适，悠扬的乐声伴着缕缕茶香，让每一位寻香而来的客人，都能够在这喧闹的繁华都市中寻找到一方净土。

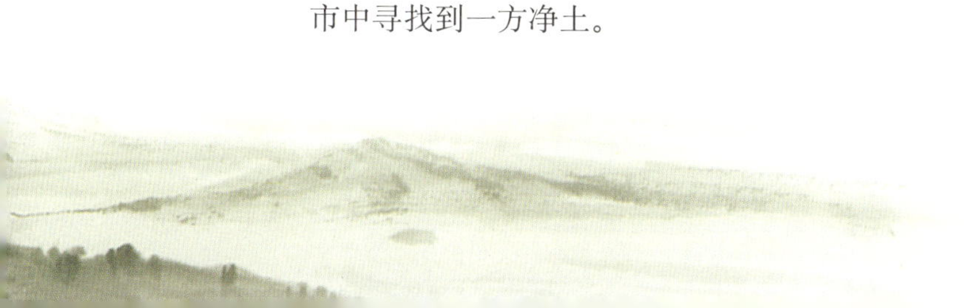

而走廊两边的墙壁上，文人墨客的书画也点缀得恰到好处。古语有云“茶墨俱香”，有茶香缭绕的地方，就会有墨宝真画如影随形。而在紫怡茶道馆，古色古香之处，总有适时的诗情画意加以点缀，完美的结合，更是让人感觉到此间浓郁的文化底蕴。茶与画共同具有高洁清雅的美术特征是茶与墨千秋之源的基础所在，紫怡茶道通过茶墨具香这种综合性的生活美使人在自然和谐的氛围中进入吾我交融的境界，带领着茶客们走进茶的世界，真正领悟到茶的真善美。

关心茶，更关心你，紫怡茶道的体贴经营

紫怡茶道馆不仅环境优雅，里边的内容更是丰富得要夺人眼球，和传统的上海清茶馆稍许不同，这里是全自助型的休闲场所。紫怡对茶叶和茶艺很讲究，茶谱中罗列的茶名有120种之

多，还有西式各种现代的饮料、茶食、茶点，茶客不枉68元茶资就可享受更茶免费、茶食自助、时间不限、取舍自由的服务，经济与文化相融，东方与西方交汇是紫怡茶道的经营理念的一个特色，所以很多回头客都称赞它的性价比是相当地高。

而除去淡香的茶水，紫怡茶道还专门为很多年轻男女提供了咖啡，冰沙之类的时尚饮品，可以说是满足了各个年龄，各个阶层的消费需求。而各色饮品当中，最受人们所喜爱的还要数紫怡茶道的特色招牌：水果茶，不仅卖相鲜艳夺目，而且味道滋润甘甜。

以茶会友，同行非冤家

紫怡茶道馆馆主是一位退休后不愿宅家的阿姨，走出来只为以茶会友，消遣中寻找生活的乐趣，所以紫怡茶道八年来的经营理念一直都是以茶会友。

馆主阿姨说，旁人眼里或许是同行冤家，可是在她周围的圈子中，很多同行都是非常好的朋友。无论是有了好的茶品会拿来一同分享也好，亦或是相约一起去外地考察，大家都真诚以待，让人感觉甚是温暖。

在最开始大家都对茶还一无所知的时候，就是这些结识的朋友们，一点一滴地倾囊相授。作为服务型行业，虽然门牌上写的十一点到凌晨一点半的营业时间，可是对于在其中忙碌着的员工以及店主来说，他们所需要付出的，远远不止这些。但是，从他们笑盈盈的脸庞，我们也能够显而易见地看出，对于他们，顾客的满意就是最大的回馈。

“一个地球，一个联合国，一杯中国茶”、“喝茶，让人类生活更健康”，在2009年上海承办中国世博会的时候，为了招待来自五湖四海的各国友人，由十大名茶组委会、上海茶叶学会依据茶地选取了红茶、绿茶、白茶、黑茶、乌龙茶五大类中国茶中的10个茶品，选取20家上海茶馆作为上海世博茶馆。而紫怡茶道馆，作为连年的315商业标兵，以及连续三届当选全国百家茶馆，自然雀屏中选，大展风采。

为着一杯清茶，一点零嘴，一餐便饭，一盘儿时痴迷的棋子，悠悠荡过半天闲暇时光。用这缓慢的节奏，在时间的年轮里添加上一点沉醉感，来到紫怡茶道舒杯起兴，这样的生活挺好。

大可堂

深弄香茗

——记上海大可堂茶园

如果说方方正正的四合院，就像是老北京醇厚历史的身份证，那么在上海，那一条条深邃的里弄，就是写满陈旧故事的日记簿。

襄阳南路，是老上海心目中的标志性马路，很多名人政要、艺术家或者企业家，都曾经在此一游，留下来不少生活的印记。而在那深弄尽头，很多若隐若现的老洋房，仿佛是散失的几片散页，点点滴滴地记录下旧上海的绚烂年华。

在这些充满神秘色彩的洋房之中，有这样一栋三层花园楼宇，门口大得从容，庭院郁郁葱葱，于那古老的气息之中散发出了一股独有的魅力，吸引了路人的注意力。

黑色雕花的铁门，让人立马感觉到当中的气派；自然生长的老树四周，环绕了一圈精心雕琢的盆景，让人一下子就联想到了书本上记载着的古老庄园。而院子里一块硕大的长方形石碑，悄无声息地给好奇的大家揭开了自身的谜底。

原来，这里就是上海赫赫有名的大可堂茶园，就是当今来沪的各路明星都争相落脚的休闲佳所。而这篇游记，则是出于当代著名学者余秋雨教授之手，其中的“此园既成，避繁华于深巷，享幽静于当世，集群贤于雨夕，散胜会于霜晨，不失为海上一蕴藉之去处也”，让人印象尤为深刻。

据说，此楼始建于1933年，是当时一位著名的法国设计师应浙江某富商要求所建。法式建筑一向都奢华大气，里边的装饰家居亦然。

不管是名贵的巴洛克风格老沙发，亦或是已经泛黄的意大利水晶吊灯，不管是百年前的德国象牙键钢琴，亦或是长成喇叭花形的英国留声机，不管是造型华贵的罗马老式摆钟，亦或是铁键英文打字机，以及那充满历史气息的线装书、上海月份牌、各种颜色但已有些斑驳的丝绒靠垫、曲线柔曼的大弧度原木深色楼梯、看得见风景的三楼小阳台……大可堂里的一切，似乎都在提醒我们这里古色古香的韵味十足。

作为茶的故乡，中国的茶品数不胜数，可是上海大可堂茶庄，“弱水三千，只取一瓢饮”，主打项目就一个——云南普洱茶。

都说“茶要喝新，酒要喝陈”，但是这句老话却不能照搬到普洱茶的身上。因为对于普洱茶，则是越陈越好，越有一份独特的历史归属感。

作为茶品中“可以喝的古董”，大可堂“堂主”张奇明坦言，他当初是因为爱收藏，才开始迷恋上普洱茶，并且从此一发不可收拾。

在大可堂宽敞的大厅之中，有一只顶天立地的橱柜特别扎眼。里边，福元昌、宋聘号、同兴早期圆茶、陈云号等近50款“号字级”，分别从清末到解放前夕的普洱老茶在玻璃板后列成一排排方阵，等待着那个懂它的人投来惊艳的目光。

而在另一边的落地柜内，也同样陈列着70余款从解放初期到20世纪90年代生产的普洱茶，其中包括红印圆茶、蓝印铁饼等名

款，供各个爱好者赏鉴。

在大可堂，不仅茶品丰富，错落分布的包房，也都各有特色。尽管西式建筑，洋溢情调，包厢取名却充满了地地道道的云南本土气息，什么“革登”、“勐库”、“莽枝”、“无量山”、“巴达山”、“班章”等，都是云南当地著名的茶山或者茶园。

现如今，大可堂公司正在筹建上海的第一家普洱茶博物馆，并力争把它办成弘扬中国茶文化特别是普洱茶文化的交流平台。

虽然身处中国第一繁华大都市，但是大可堂的“堂主”张奇明认为，在时尚的面前，传统与之相较，也有其独特的魅力。因此，他完全有信心将普洱茶这一历史名茶，完全融入到这样一个国际性的舞台之上。

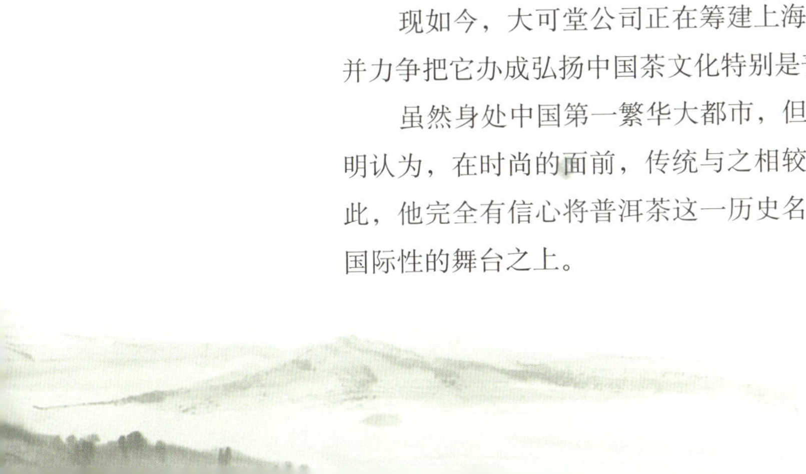

风雅颂

诗经、美与茶的唱和

——记风雅颂茶馆

中国上下五千年，祖辈们为我们留下的文化遗产也是源远流长，异彩纷呈。而其中，一本记载民间丰富诗歌的总集——《诗经》，更是历经了多少代人的传唱诵读。

一句“关关雎鸠，在河之洲。窈窕淑女，君子好逑”，不知道能够引发人们多少的遐思臆想。

一句“执子之手，与子偕老”，更是多年来奔波在幸福路上的人，所追求的最好承诺。语言的力量，在这时候，似乎比玫瑰花更加持久，比朴素的笑容更加娇艳。

哲学家说：“只有美的东西，才能永久留存”，或许正是因为有着共同的美的因

風雅頌
惠州市普洱茶文化

素，早在神农时期就已然出现的茶，才会与《诗经》中，那许多的动人篇章，一起经历着风和雨，一起走过了时代的变迁，被完好地保存下来，占据着历史的一个角落。

风雅颂茶馆的店主吴总，一直率领着下属员工，致力于能将茶饮推陈出新，使之不仅仅演绎着人们的生活片段，更是成为一种文化现象。他以自己独特的见解，召唤着员工，感染着人们，并且努力让茶——中国的经典传统文化，带给人们一种不一样的感受。

风，汇各地特色，于己一身

2008年12月31日，对于吴总，无疑是一个难以忘怀非常有纪念意义的日子。对于风雅颂茶馆，也是一个值得庆祝的诞辰日。因为就是在这一天，在社会上打拼多年的吴总，终于使得自己一直苦苦寻觅的职场落脚点，最后有了着落，也让自己的爱茶之情，寻找到了寄托。

或许是因为当时已经从事了十几年的文化传媒业，他内心仍然是希望继续跟文化产业打交道。而在平常工作中，茶馆也是一个并不陌生的环境。既可以陶冶自己的性情，与亲朋好友小聚谈心，还能够让更多的人，开始认识茶，喜爱上茶，何乐而不为呢？

于是经过几年的寻求与思考，吴总终于敲定了这样一个，既可以长久持续地发展，还能够在工作过程中继续积淀人生经历的行业——与茶结缘。

一件事情，既然要做，就要尽力做到最好。这不仅是店主吴总一个人的口头禅，更是风雅颂所有店员，通过每天的一言一行，对所有光临风雅颂茶馆的顾客们，所做出来的忠实承诺。

办茶馆，当然要首先选好合适的茶叶。而中国疆域辽阔，地大物博，茶的品种也是丰富各异。如何能为自己的茶馆挑选到合适而又具备特色的茶品，着实费了吴总以及创始团队的好一番脑筋。最后，经过仔细甄别，风雅颂决定成为大益茶的分店经销商，主要经营大益普洱茶。

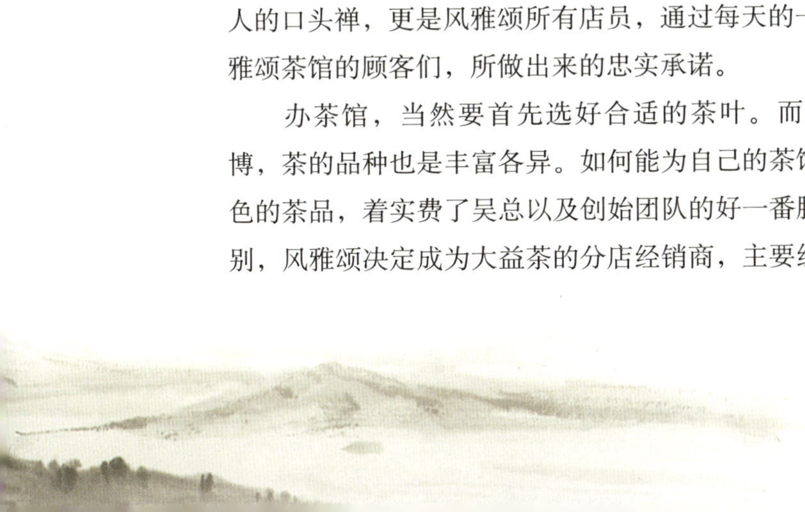

对于当初的这个选择，吴总认为，在众多的普洱茶品牌中，大益是真正地把茶来当做文化去做的。况且，大益品牌不但有很好的经营理念，与自己的想法相符；它还有非常专业的核心团队，以及可以称之为厚重辉煌的历史积淀。这些优点长处，都已经足以让大益品牌成为普洱茶的杰出代表。

当然，对于茶馆来说，管理方法至关重要，茶品的好次更是不能马虎。大益普洱茶集许多茶的优点于一身，不但具有养胃、降脂以及保健的功能，还可以作为一种收藏来进行投资，非常具有升值的潜力。这种综合性的优势，塑造了大益普洱茶的高度魅力，让人们看好。

不过为了满足不同客人的需要，风雅颂店还是配备了诸如龙井、铁观音，以及各地的特色茶叶等多个品种，供客人挑选品尝。

风，在《诗经》中，又被称之为“国风”，记载了当时各个少数民族间流传着的歌谣。而吴总与员工们的所有努力，就是要争取把各个地方最精制美味的茶品，全部都拿来奉献给所有爱茶的客人。

雅，高品位的交流

风雅颂会所处的西湖南湖湖畔的后所街，也并不只是因为那秀丽的山水，宜人的美景。相比无与伦比的自然风光，这里丰厚的历史底蕴，人才辈出的文化气息，更是让人忍不住要前去一观。

古往今来，来到西湖，并且喜欢上此地的美景，爱上此地的好茶的名人更是数不胜数。正所谓“惺惺惜惺惺，英雄识英雄”。能够来到这里探一究竟的，自然也大都是具有一定品味的文化艺术界人士，当然其中也不乏很多的商务人士、政界官员。而这也正是茶馆的经营之初所作的设想——将茶馆打造成为一个高端的会员制私人会所。既能为他们提供一个相对私密安静的空间，还能为他们奉上周到舒心的服务。

当然如此一来，对于茶馆人员的管理，就提高了一定的难度。因为进进出出的客人，都是具有一定身份地位的各界精英，那么全体员工在招聘培训的时候，他们所接受过的教育程度，成长背景以及价值观念等，就必须考虑在内了。一个团队，只有具有方向一致的共同理念，远大实际的价值观，在努力的过程中追求着一个共同的目标，才能够将自己的专业精神、敬业精神发挥到极致，也才能够把茶馆最终做大做强，同时也拓展了自己的长远发展道路。

正因为风雅颂茶馆对员工管理的一个高标准要求，现如今的他们，已然拥有了一个非常强大的管理团队，以及一批训练有素的高素质员工。而他们将自己的会所定位为公司化管理模式，而非家族式管

理模式，也是与很多其他类似的茶馆不同的一个显著特色。

雅，在《诗经》中，又分为“大雅”、“小雅”，主要是西周皇室，以及一些贵族文人的作品。而雅致的品茶会所、典雅的品茶环境、文雅的会所员工，都将会是顾客们再次光临风雅颂的理由。

颂，庄重古朴的品茶环境

风雅颂会所，从最初的筹备建设，到严格的招兵买马，再到最后的装修开业，前前后后一共花费了三年之久。而这并不以短期盈利为直接目标的远见卓识，也的确让人唏嘘不已。

当然，这三年的准备时间，也确实让风雅颂做到了厚积薄发。会所软环境的成功营造，其中那古朴中式、独具匠心的装修风格也是风雅颂会所个性化的一个显著标志。

有比较才会有优劣。步入风雅颂茶馆的每一位顾客，都会惊异于该会所每一个细节的处理，不仅仅是在其独特鲜见的设计理念，还有边边角角都能够发现精细的家私配饰，人性化般细心体贴的灯光处理，更有茶艺师从服饰，到服务细节的周到圆满。

对于这样细致的工作，吴总这样说道：“经营茶馆，其实就是在经营一种独具特色的茶文化。茶文化

的精髓，以及内涵就必须要流淌在茶馆的每一个角落；也只有那些具有深厚的文化底蕴、历经了时光沉淀的茶馆才会历久弥新，越来越焕发出生命的活力。”

走进风雅颂茶馆，顾客们的心情会陡然宁静下来，思想，也仿佛随着周围的环境，变得突然更加睿智了一些。平日的工作，实在是繁杂，而只有坐在这样的静谧环境中，我们的头脑才有了一丝机会开始思考。

的确，茶如人生，人生如茶。人生的经营，其实也就像冲泡茶水一样：茶汤会由浓变淡，茶味也会从最初的厚重变归为清淡；这多么像一个人的经历啊，由盛年的浓郁变为中年的稳重，再到老年的宁静平和。

颂，在《诗经》里，专指一些宗庙曲目。而在中国，很早

就有“禅茶一味”的说法。早期时候茶在民间的推广普及，也要感谢很多寺庙僧人们的“推波助澜”。

而对于真正热爱茶饮的朋友来说，饮茶就像参禅，在平日忙忙碌碌的生活之中，跌倒之后总是来不及思考。而能够有机会放慢自己的生活节奏，早日悟出其中的奥妙，自然会有助于我们更积极地生活。哲学家说，一个拥有乐观豁达的心态的人，才会真正知道，在这短暂的一生当中，我们需要追求什么，以及需要舍弃什么。

荔花村

荔花村茶馆外景

“健康饮茶”为你我

——记荔花村茶艺馆

有一个城市，传唱着《春天的故事》。

有一个茶馆，演绎着城市的风采。

优雅的房间，神奇的古茶。

荔花阵阵，茶香袅袅。

茶客匆匆来了，又留恋地走了。

品了香茗，学了知识，留下无数的赞叹。

茶香意悠，千年普洱传真情

走进荔花村茶艺馆，映入眼帘的是古色古香的宫灯，大理石桌面的红木桌椅，古朴雅致的宜兴茶具，宽大明亮的落地窗，增加饮茶气氛的雨帘以及文化味更加浓厚的各类装饰……给人一种典雅、舒适的感觉，也透着一股浓郁的文化氛围。

不错，荔花村茶艺馆走的就是精品路线。在茶馆开办伊始，茶馆老板练就了一身硬功夫，从初级茶艺师，中级茶艺师，高级茶艺师，高级评茶员一路学过来，成就了一双识别好茶的慧眼，成为品茶的行家里手。在“忽悠”盛行的当下，荔花村茶艺馆信守诚信，让真正的好茶进茶馆，让懂茶的人流连忘返。

茶 茶

茶

茶

茶

茶

荔花村茶艺馆主推云南普洱茶、红茶（川红）。走进荔花村茶艺馆，听一听普洱茶的故事，品一品普洱茶的浓香，你就会被它的神奇所吸引。曾有人这样评说普洱茶：如果把茶比喻为画，那么，西湖龙井像是明清时期的小品，体现的是江南风景的雅致；乌龙茶则如同宋代的工笔花鸟画中极艳极鲜的溪水崖石；而普洱茶却能独立于外，像是秦汉时期的石刻，饱醮风雨沧桑，伟岸而厚重。几千万年前的冰川活动摧毁了无数植物群，而普洱茶的先祖却奇迹般幸免于难；几百年前，远在北欧的一艘货船不幸触礁沉没，被封存在海底的普洱茶，竟将它的香味足足保存了几百年，被打捞出来后依然能被饮用；在清朝，普洱茶是备受推崇的饮品……

酒香不怕巷子深，茶香能洗心中尘。荔花村茶艺馆巧妙地把品茶与文化串联起来，营造了一种静美、舒适的环境，追求静、怡、真的精神。百岁老人无杂念，百年老茶无杂味。普洱茶文化是一种柔软、古典、神秘文化。当你遇到陈年普洱茶甚至是有百年历史的普洱茶的时候，你就会产生一种敬畏的情愫——它经过了百年时间的凝结或历练，时代的风云变幻、世间的人情冷暖仿佛都被它吸收进去。靠近它，就是种古老的返乡，一次魂归！

轻歌细语，品味都市慢生活

深圳是一个充满传奇色彩的城市，是一个不安分的城市，各种各样心怀梦想的人被速度和激情牵引着。当我们在这个讲求速度的社会一刻不停地向前奔跑时，因为从不停下来看风景，所以错过了生活的种种美好；因为没有时间思考，所以忘记了最初的理想和生存的意义。约翰·列侬曾说，当我们正在为生活疲于奔命的时候，生活已经离我们而去。

城市太大，却难寻静谧之处；工作顺利，却无半点闲暇；朋友很多，却无人与你促膝谈心。为名忙，为利忙，为家庭琐事忙，为教育子女忙，紧张的生活令许多都市人感到前所未有的压力与疲惫。生活，为“生”走得太快，

却把“活”的意义丢在了身后。现实生活中哪里能找到向往的世外桃源、人间仙境？哪里是诗意的栖息地？

忙碌的一天过去后，去哪里排解身心的疲惫？酒吧、咖啡屋，或是上网冲浪？更多人的选择是茶馆。“众里寻他千百度，蓦然回首，那人却在灯火阑珊处。”沏一壶芳香四溢的普洱茶，找上三五知已，或携全家老少，在空灵的丝竹乐声之中，享受这份轻松、惬意、自由、安宁……

“小隐隐于野，大隐隐于市。”荔花村茶艺馆无疑是一个最佳去处。来到这里，可以品茗，可以对弈，可以聊天，还可以观看美轮美奂的茶艺表演，悠扬的丝竹声伴随缕缕茶香，心情也随之安静下来。他们的茶艺表演还获得了“2010第三届茶博会最具观赏奖”。老年人、职场白领、学生都是这里的常客。在紧张繁忙之中，泡出一壶好茶，细细品味，通过品茶进入内心的修养过程，感悟苦辣酸甜的人生，使心灵得到净化。很多不懂喝茶的小伙子也喜欢泡在这里，他们说，待在这里，让他们有一种“闲云野鹤”的感觉，说说话、闻闻茶香就能化解很多烦恼啊。抛开生活中的繁琐，以烦躁心情走进去，以宁静心态走出来，如沐春风，如遇甘露。

在某外企工作的张先生每周都会到茶艺馆品一两次茶，他说平时工作紧张、压力大，下班后总希望能找个地方轻松一下。以前，他和同事们通常都会去一些迪士高或卡拉OK等热闹的场所狂欢，但现在他们已厌倦了这种纯发泄情感的减压方式，逐渐钟情于返璞归真，追求心灵涤净的品茗。而荔花村茶艺馆就如喧嚣都市中的一方净土，每当来到这里，躁动的心情被清洗一空，身心得到极大放松，也真正理解了现代慢生活的真谛。

的确，“慢生活”是相对于匆忙、纷扰的快节奏生活而言的另一种生活方式。这里的“慢”，是一种意境，一种回归自然、轻松和谐的意境，一种注重优雅舒适的生活情趣。

四字真经，“健康饮茶”为你我

“茶为忘忧君”。茶不仅是饮品中的君子，亦或是一服疗效广泛的良药。唐代刘贞亮把饮茶的益处表述为“十德”：以茶尝滋味、以茶养身体、以茶驱腥气、以茶防病气、以茶养生气、以茶散闷气、以茶利礼仁、以茶表敬意、以茶可雅心、以茶可行道。据史料记载，唐时东都洛阳来了位百岁高僧，唐宣宗问他：“服何药如此长寿？”僧答道：“贫僧素不知药，只是好饮香茗，至处唯茶是求。”茶，在悄无声息中给你带来健康，在不知不觉中带给你长寿；让我们在享受着芬芳的同时，又滋养着你的一生。

茶

众所周知，茶有益于健康，但如何喝对茶，却大有学问。喝茶需辨清体质，适当饮用，否则极易伤身。中医认为人的体质有燥热、虚寒之别，而茶叶经过不同的制作工艺也有凉性及温性之分，所以体质各异饮茶也有讲究。燥热体质的人，应喝凉性茶，虚寒体质者，应喝温性茶。谈到健康饮茶，荔花村茶艺馆李老板深谙此道。她说："我们茶馆提倡健康饮茶。不要看见别人喜欢喝什么茶就去追风，要根据自己的身体状况，选择喝什么茶，什么时间喝茶。"

春雨无声润万物，一片爱心在玉壶。她渊博的专业学识、满腔的热情和真诚感动了无数茶客，也流传了很多佳话。有一位街道办主任，是荔花村茶艺馆的常客，他以前胃不好，老喝酒，后来，李老板向他推荐喝熟普洱：饮用平和的普洱茶对肠胃不产生刺激作用，黏稠、甘滑、醇厚的普洱茶进入人体肠胃形成的膜，附着胃的表层对胃产生有益的保护层，长期饮用普洱茶后可以起到护胃、养胃的作用。这是把普洱茶称为"美容茶　"、"益寿茶"的主要原因。自从喝了普洱茶以后，他的胃病慢慢痊愈了，这让他喜出望外。从此，他见到朋友就说："我的胃病是在荔花村喝茶喝好的，太神奇了！"他成为荔花村茶艺馆的"活广告"了。

有的客人是从事设计工作的，有的是从事证券工作的，他们晚上要加班，经常熬夜，还喝铁观音。了解情况后，李老板就建议他们晚上不要喝生茶，也不要喝铁观音，要喝柔一点的东西，不要透支身体。“养生是智者的行为。有智慧的人懂得养生，所以耳聪目明，精力充沛，不会得病。”他们深深为她的真诚所感动。

原来，很多客人初次来到荔花村茶艺馆，李老板会陪同他们一起喝两次以上，借此察言观色，根据他们的体质和生活习惯帮助他们定位，推荐喝什么茶。时间长了，客人们都信赖她，慢慢成了习惯。健康饮茶成为荔花村茶艺馆一道靓丽的风景线。

你来我往，留恋温暖的微笑和感动

中国自古就是一个讲究人情的社会，所谓礼仪之邦，不仅在待客之道上讲究礼数周全，更在日常生活细节中注重人情体谅，邻里往来，嘘寒问暖，那也是常有的事儿。故乡因家人而依恋，城市则因人情而温暖。当下，很多人慨叹：世风日下，物欲横流，有钱就是爷，物以“利”聚、众以“钱”分，人情淡漠，诚信缺失，真情难觅……

事实上，慨叹归慨叹，埋怨归埋怨，每个人的心中那盏善良之灯并没有泯灭。“人间自有真情在”，尽管一切都在不停地变化，但大公无私的人依然大公无私，助人为乐的人还在助人为乐。荔花村茶艺馆就是一个充满真情和温暖的场所。

说到茶艺馆留人的秘诀，李老板脸上露出自信的笑容：“在提供明确的工薪待遇下，我们从一开始就特别注重员工的归属感，努力营造一种家的氛围。”李老板深深体会到，茶馆的工作人员从全国各个地方来到深圳，远离家乡，她们不仅为了获得物质上的满足，也需要情感上的归属感。因此，一开始就从生活中、工作中关心她们，她们有了家的感觉，也有集体荣誉感。李老板从创办初期就致力于将茶艺馆营造出家的氛围，增强员工的归属感。

员工以茶艺馆为家，她们又把微笑和温暖传递给客人，让客人感受到如家的温馨。来到这里，似乎来到了心灵的牧场，让心灵在无边的旷野中游荡，茶香缭绕中，忘掉了工作和应酬，忘掉了烦恼和忧愁。

人生如茶，茶如人生。用心经营，用爱营造，让茶香飘香四方，让真诚连接你我，让感动温暖社会，茶馆虽小，却是一个难得的充满诗意的处所。

尚泉茶韵

尚泉茶韵茶馆外景

品茗尚泉楼，悠然浸茶香

——记济南尚泉茶韵茶馆

宋时曾巩曾有诗道：“问吾何处避炎蒸，十顷西湖照眼明。”早在唐宋时期，大明湖就以其撼人心弦的美景而闻名四海，并获得“天下第一湖”的美誉，2009年，更是被中国世界记录协会授予“中国第一泉水湖”的称号。

对于这片即使孤芳自赏，也依然能够自得其乐的清清湖水来说，不管周围是熙熙攘攘的人群也好，还是冷冷清清的三两身影也罢，它都一直保持着自己的美，不讨好、不做作。而这也正是她一直在岁月的波光碎影中没有被人忘却的真正原因！

如今，人们来到济南的大明湖畔，又多加了一个原因，那就是矗立在明湖如镜，柳荫绵绵的小东湖的东岸，一座仿佛是穿越历史的古典式建筑——“水云居”，它悄然伫立在那里，就像是一位戴着面纱的年轻姑娘，在等待着自己心中的情郎。

即使是站立在门外不远处，也能够嗅到那缭绕在廊檐窗棂上的茶香余味，用力呼吸，突然就能够明了书中所谓超脱的滋味。

或许在白天耀眼的阳光照射之下，散布周边的绿影粉荷，若隐若现的林立高楼，都多多少少能够夺走你眼角的一些余光，让人不禁感叹在繁华都市深处，竟然还隐藏着一个仙境般的场所，让人赞叹的同时，不由得心驰神往。

而若是有耐心等到了夜幕的降临，瞬间闪耀在眼中的，则只有那五光十色，满身璀璨炫目的“水云居”。什么高楼大厦，什么车水马龙，什么高薪厚禄，什么美女佳人，此时此刻，此情此景，统统都不能够让我们的心思离开这座充满诱惑力的建筑一步，或许一寸、一秒也都是妄想。

就让什么灯红酒绿的夜店，自个儿去疯狂地摇摆吧；就让什么煽情刺激的电影院，独自去呼喊鲜血眼泪吧；就让什么小资情调的咖啡慢摇吧，一个人享受浮夸的寂寞吧……你我，都是生活在实实在在世界中的人，就连一心想要在苦海中寻求解脱的佛家，或者是在尘世中历练出真知的道家，都希冀在这淡淡的丝屡茶香中，找到些许指点，我们这些凡夫俗子们，还不紧跟脚步，也前去碰碰运气，探个三四五六呢?

天圆地方，祥云福瑞

跨过门槛，置身其中，一缕缕宁静而致远的意境弥漫开来。

无论是路过茶堂还是经过楼梯，都有云纹图案的吉祥祝福。它传递着天地自然、人本内在、宽容豁达的东方精神的吉庆祥和的美好祝愿。

四周的散座有机地围绕于圆形茶堂周围，中心的水琴与圆顶在对唱。

茶架上的陶塑倾听着她们的对话，嗅着萦绕的茶香，姿态各异的茶壶炫耀着她们的美姿。

木作上的圆圈似涟漪般散去，老榆木的茶桌造型自然闲适，与整体空间的自然古朴相融相进。

柜台造型古朴纯真，不失自然之天性，炭化木条做成的长方体顶在灯光的照射下，投射出斑驳具有线条的光影效果。

藤编线条的各种灯饰造型，自然古朴，贯穿于整个空间，使得空间古朴、高雅、自然舒适。

“天圆地方”的空间元素，让一切都是如此的和谐，让我们不由感叹设计师的伟大，造物主的神奇。

泉水泡茶，相得益彰

清代有位文人，名叫张大复，曾经在自己的《梅花草堂笔谈》中说："茶性必发于水，八分之茶遇十分之水，茶亦十分矣，八分之水试十分之茶，茶只八分耳。"而茶之鼻祖陆羽也曾经在《茶经》中，专门列有一章，来说明煮茶之水，对于茶味、茶香的重要性。

由此看来，在品鉴茶茗之时，能够将煮茶之水追求到极致，才可以称得上是真正的茶迷！而在尚泉茶韵馆里，他们当初选择做茶馆的初衷，也正是在此，"尚泉"的涵义正是"崇尚泉水泡茶"。

虽然教育上"创新"二字经久不衰，但是在语文课本上，很多名人佳作已然传承了好几代都经久不衰。还记得其中有一篇文章就是记述山东济南的趵突泉，书中插图上涌流不止喷出的白亮亮的水花，在儿时孩童的眼中，就跟珍珠翡翠一样耀眼，让人向往。

济南一向都以泉水而闻名全国，不但有闻名遐迩的趵突泉，还有景如其名的珍珠泉，在20世纪几乎是随处可见的泉眼，大大小小不计其数，被人们称之为"泉城"，能够罗列出来历名号的更有七十二口之多。

所以在济南这样一个泉水文化本来就很丰富的城市，将泉水与历史悠久的茶文化嫁接在一起，相得益彰。

有这样一副茶联描述煮茶泉水与茶叶的奇妙组合："泉从石出情宜冽，茶自峰生味更圆。"读罢之后，每每让人不由拍手叫绝，好一番甘泉香茗的绝佳伴侣，虽未煮水泡茶，可是那字里行间，似乎早已经有一缕缕暗暗的茶香悠然飘进了心间，浸润了我们的灵魂。

日照雪青，茶香味浓

尚泉茶韵在开办之时的主旨，就是弘扬山东的本土茶文化，店里的主打茶叶，也是首选山东特有的茶品，也就是日照雪青。

中国茶品，总共分六大门派，而其中要属绿茶最为普遍，不但能够让品茶之人齿颊留香，还能够去油解腻，对人的身体有着很多益处。在山东生长培育出来的日照雪青，由于当地独特的沿海气候，以及刻意寻找的无工业污染的生产地理条件，不但在颜色上黄绿明亮，非常鲜艳惹人喜爱，在味道上也是首屈一指，香味浓郁，回味甘醇。

当然，俗话说“人不可貌相，海水不可斗量”，作为山东的招牌茶叶，日照雪青可不是徒有其表的。即便是在很多内行人眼里，它的优良品质，如叶片厚、香气高、耐冲泡等特点，也当之无愧“江北第一茶”的美誉。

有地理学家还曾就科学的角度解读过日照绿茶的奥秘。在山东日照，由于茶树的越冬期要比南方平均长上1～2个月的时间，而昼夜温差大非常有利于植物体内含物的积累，从而积攒下足够丰富的维生素、矿物质以及对人体有用的很多微量元素。而在经过专门的茶学专家鉴定之后，日照绿茶中的儿茶素、氨基酸的含量都分别要高于南方茶同类产品13.7%、5.3%。如今，日照绿茶也早已被列为山东地理标志品牌之一，其产地更是作为山东省唯一的一家“全省茶叶放心生产示范区”，为更多的茶品爱好者源源不断地提供着质量上乘的茶叶保证。

万年春

千篓龙芽万年春
——记烟台万年春茶馆

相比男人在经商时的粗犷豪放、不拘小节，女人的细心灵巧、追求细节，也是经常能够留给人以深刻的印象。

既然选择了出来做事，就一定要做到最好。这个外表柔弱，内心却十分有主见的女人，仅仅在为自己的店面选址上就让人刮目相看。

因为茶属于中国的传统文化，本身就有悠久的历史，又同时蕴含着丰富的文化气息。所以很多人做茶馆，都是在装修上追求古色古香，希望在环境的营造上能够

使客人感觉到历史的厚重。

而奚江红当然也不例外，但是这个果敢的女人不止是看重内部或者表面的装修，她直接而又大胆地选用了民国时期的一栋二层小楼，作为自己传播茶文化的起点。这里原来是一个商号驻地，而现在也已经属于国家保护的建筑了。

于是在2009年8月16日这天，这位茶业界的女强人，风风火火地开创了万年春名茶烟台旗舰店！从此，在美丽的海边城市烟台，又一道风景线就此拉开。这坐落于海边的古建筑，营业面积达200多平方米，不但拥有自己专有的卖场展示区，还有七个风格迥异的茶室。不但环境优雅，风格独特，交通更是便利，茶客们在这里除了可以购买到原装进口的台湾万年春乌龙茶、地道的台湾风味食品以及台湾特色的工艺品之外，还可以免费享受到专业高水平的特色茶艺服务。

悲观的人总是说“前车之鉴，后事之师”。战战兢兢、如履薄冰的生活自然称得上稳妥，只是没有波澜、全无新意的日子是否也太过平淡？21世纪的我们，理应喜欢迎难直上，尽情领略闯荡人生的青春年华，肆无忌惮；21世纪的我们，也从不拒绝默然无声，或扪心自问，或杯盏相交，聆听心灵的碰撞。

试想在这样的一个环境下，品味中国香茗的淡雅，手扶的每一寸墙壁都印满了历史的痕迹，眼光的每一处角落都埋藏着古人的光影，那舒缓的心情哪里还用刻意地去寻找呢？

茶情两岸香

当然如果只是找到了一个恰当的店址，却没有一品响当当经得起茶客们考验的好茶，那这个茶楼也只能是金玉其外败絮其中。聪慧的奚江红当然不会如此马虎，她得天独厚的先决优势似乎早已于无声之中注定了之后的顺畅。

万年春茶业起源于同大陆隔海相望的台湾岛，正是奚总夫家祖辈一手打造出来的响当当的牌子。近三十年来，秉承着“诚实经营，品质第一”的理念，万年春茶业将自己的产品远销日本、加拿大、美国等各个国家，真正做到了文明五洲，得到了世界各地人民的肯定与喜爱，堪称茶业界的一朵奇葩。

而作为茶文化传播者的杰出代表，万年春茶业公司也受到了许多文艺圈老前辈的青睐。为之留有墨宝的各个书画家，不计其数。

其中，中国台湾的书法巨擘谢宗安先生，与万年春茶业公司就颇有一番渊源。万年春的前身，实为台北县坪林乡茶农与台北林家共同合作的一个茶庄。林家几代人都十分嗜好饮茶，所以乐于将坪林茶农的茶叶引入市区。再加上其交友广阔，因此往来的很多都是同样喜爱品茶的文人雅士。每有时间，大家便相聚一处，焚香品茗，谈古论今。

而恰巧，谢宗安先生就是茶舍中的一位常客。饮茶乘兴之余，他还题有一幅对联，送给茶舍，写道：“万篓龙芽周年供

客，一壶雀舌镇日生春”。反应灵敏的人一眼就可以看出，茶业公司成立的名号“万年春”，就是从这副对联中摘录出来的，寓意茶业公司能够万年长春。如今，在每一款“万年春”的茶叶包装上，我们都能够看到谢宗安老先生那苍劲有力的三个大字。

有了这样一个坚实的家庭后盾，夫唱妇随，万年春的春天自会一直花开柳绿。

万年春当家花旦之“东方美人”

一品好茶，总是需要一个文雅的名字与之相称。否则，即便再是清香，再过淡雅，取个“狗尾巴草”式的名字，恐怕也难登大雅之堂。

而“东方美人”茶，让人过耳不忘。“东方美人”，又称“彭凤茶”，因其茶芽白毫非常显著，所以又名“白毫乌龙茶”，是台湾独有的名茶。

“东方美人”的茶叶外观恰如其名，很有美感。不仅颜色是白、

绿、黄、红、褐五色相间，模样鲜艳而又不失可爱；就连茶汤也呈现出一种特有的琥珀色，晶莹剔透；而味道浓厚甘醇，品尝的时候更是带有一股扑鼻而来的蔬果香以及蜂蜜的芬芳，让人喝过一次就再不能忘。

尽管“东方美人”茶算不上是万年春的独家产品，却是万年春的当之无愧的当家花旦。而这中间夹杂着的故事，还要从我国国画大师张大千先生说起。

张大千先生，一生好茶。了解他的人形容他是“嗜茶成癖”。而一句“客去茶香留舌本，睡余书味在心中”，更是张大千先生对自己，其乐无穷的业余生活的真实写照。据张大千的秘书透露，这位艺术大师是宁可一日不吃饭，都不可一日不饮茶。而早晨与下午的时间，更是张老雷打不动的“茶约会”时间。

张大千先生曾经对自己的好友得意地夸耀：“我善厨艺，更在画艺之上。”而他独特的“品茗三讲究”——在泡茶用水、泡茶方法和泡茶用具三个方面极为讲究，更是为圈内好友所津津乐道。

鉴于对茶的喜爱，张大千先生在民国三十六年（1947年）还曾经挥毫洒墨，作得一幅《煮茶图》，题曰：“茗碗月团新破，竹炉活火初燃。门外全无酒债，山中惟有茶烟”。在北京诚轩2010的春季艺术品拍卖会上，这幅图以将近900万元人民币的天价成交。

如此一位真诚爱茶的老艺术家，能够在游历诸国之后最终在台北定居，并且机缘巧合，同万年春相遇相识，实在是万年春的幸运之事。因为对被称为“东方美人茶”的白毫乌龙十分喜爱，所以张大千先生于1982年万年春茶业公司成立之际，以84岁的高龄，为万年春专门题写了一副楹联："四壁烟云皆画稿，一庭芬雨是茶香"。

这副楹联，不仅显示出张大千先生一生对艺术的热爱，茶文相伴的风雅人生也是万年春茶舍的精神实际写照。字里行间，我们也不难看出，在张老心中，万年春，也恰如那杯让人心驰向往的香茗一样，必将永世流传。

立足科技研发，枯木也逢春

对于成长的孩子们，古人总是谆谆教诲："学如逆水行舟，不进则退"。其实任何事情不都是如此吗？作为一个闯进茶业界的新水手，奚江红既欣喜于自己头上的老字号招牌，又坚信在飞速发展的社会面前，即将面临更加严峻的挑战。

因此，自从公司成立至今，奚江红的所属的团队一直都没有松懈，秉承着永续经营的理念，致力于走产销合一的专业化经营路线。为了能够让更广泛的人群领略到万年春茶叶的芬芳，公司

更是一直立足科技研发，希望在做到量产的基础上，可以普遍照顾到每一个阶层的消费者群体。三十年来，推出的茶品多达百余种，极大地适应了茶业市场的多元化需求，为茶文化的普及贡献了自己的一份力量。

做茶，做好茶，更要做一个好的茶商。在社会的非盈利领域，万年春也是少有的科技大店之一。万年春不但提倡绿化环保，十分注重健康养生以及慈善捐助，在两岸直航之后，万年春茶品，更是以通过国际HACCP认证、获得食品评鉴金牌奖以及消费者协会金牌奖的绝对优势，在上千家品牌中，脱颖而出，成为首批获得台湾旅行安心购物保障证书的商品之一。

从此，高成本、高品质、平价供应的万年春茶形象，开始让更多的两岸百姓认识到了万年春的美味清香。

著名诗人余光中先生曾经写过一首《乡愁》，他说两岸之间狭长的水岸，不知道隔离开了多少相思却无法相守的心。但是如今，这一缕缕茶香，早已在不知不觉中，将我们曾经疏远中断的联系，重新又拼接巩固了起来。

荆楚茶香引凤来

——记荆州鸿渐茶艺馆

有人曾经说荆州，就像是一个被父母宠爱着的孩子。因为伟大的祖国地大物博，但是中国漫漫五千年文化的吉祥物——凤凰，却于万千的广阔土地之上，唯独挑中了此地，尊称其为故乡。

“吾令凤鸟飞腾兮，继之以日夜。飘风屯其相离兮，帅云霓而来御”，伟大诗人屈原曾在这片土地上驾着凤凰“神游”；“虎座立凤”、“双凤耳杯”、“凤纹铜樽”、“羽人凤鸟”等充满幻想和神话色彩的文物曾在这片土地上大放光彩，数风流人物在这片土地上流转不息。

而于这风水宝地中盎然发展着的鸿渐茶艺馆，更是汲尽了这份历史的厚重感与远久传说的神秘感，各种的天时地利与人和，让这个连名字都与茶圣陆羽相契合的茶馆，成为了一个只要听闻其名，便已心驰神往的地方。

屈原故里，宰相旧居

有些东西，只需一眼，便可生情，鸿渐茶艺馆就是如此。

即便我们只是沿着那稍显斑驳的古城墙，安静地踩着自己的影子，那些穿越历史长河，不甘被遗忘的往事，也都会争先恐后地，从那青灰的墙砖中倾泻而出。

而四周的墙壁上，或名人字画，或彩绘瓷器，或大红织锦，或各路神佛……色彩明艳，古色古香……中间既有馆主遍寻各地的名家宝作，也不乏宰相故居里原有的历史印迹。只不过，上上下下，摆挂在此，这些珍宝显现的便不再是浮躁的名贵，而是一种协调的意境与情趣。

古诗云“曲径幽深”，一个个包间里的藤艺家具与素色暗纹的配饰，交相呼应，透露着一股清淡雅致的味道。而四处可见的一盆盆的绿萝，真的像传说一样，拥有着一种神奇的魔力，可以将人的心情沉淀下来。

门边的十六字的对句：“一贯知足，五谷皆珍。八方交好，十分坦荡”，更是能让人从繁杂的工作生活中恍然顿悟，纠结不清的生活束缚多么的可笑，挥一挥衣袖，抖一抖衣衫，人生不过如此。

独有茶品，难遮风情

走进了，茶香迎鼻，已然再也遮挡不住。

鸿渐茶艺馆能够蝉联“全国百佳茶艺馆”称号四届，此间需有好茶，是最最基本的。

馆主就曾遍访名山大川，只为追寻一杯好茶的真味。在鸿渐，虽然十大名茶尽在单列，可是馆主对“院外风荷西子笑，明前龙井女儿红”的龙井更偏爱，这里的龙井也格外地香郁。除此之外，店内更有自主研发的玉露茶、观音茶。值得一提的是，这里的荆州南木茶可是在馆主自己的茶园里栽种的，经馆主细心采摘、炒制而成。

茶圣陆羽在《茶经》中，曾经论煮茶用水的重要：“其水，用山水上，江水中，井水下。”而整个荆州城都浸在浓厚的水文化之中，这为鸿渐提供了得天独厚的有利条件，没有来由的，这里泡出的茶自有一股独特的风情。

寄情与茶，老幼同乐

弘扬中国茶文化，传承荆州历史风情，一直都是鸿渐人心中的经营理念。茶馆之内的捧日楼，便是为荆州特色的民俗演出而专门设置的表演场所。从茶艺表演到说书弹琴，从楚歌楚舞到公安花鼓，从琵琶演奏到口技杂耍，这里就是民间艺术的荟萃，让人身处其间，美不胜收。

漫步在园林式的茶馆之中，能够间歇看到多位正在练习吹拉弹唱的老者，管弦之音、萦绕于耳，而旁边杯杯香茗，热气腾腾，让人看去，就像是一幅写意的水墨画。时间一直向前流淌，谁都会有一天老去。鸿渐自愿为这些老人们提供场地，外加免费的茶水供应，只希望能够以微薄之力，让他们老有所得，老有寄托。

尊老爱幼，是中华民族的传统美德，鸿渐人在支持老年人品茶爱好的同时，也从不忘记向年轻的一代讲述茶的美妙，传承茶的文化。流连于此，每每都能看到一个个年轻的脸庞，在认真专注地听讲、学习，像模像样地练习茶艺，让人心里不由升腾起一股“传统文化脉脉相承”的情怀。

千金不换，茶香四溢

从创业初始走家串户的化妆品推销，到中途管理商场的风生水起；从曾经以歌舞表演维持生计，到后来徘徊于纯文化与准投机中难以抉择，馆主许长洋先生从没想过，自己竟然会机缘巧合地在茶的地盘上落地生根，或许正如他自己

所说，这一切都是冥冥之中，命运女神早有的安排。

对于这个安排，许长洋心中充满感恩，日日身处园林式的环境里，天天熏陶在清甜茶香中，兴趣与工作完美地结合在了一起，人生乐事莫过于此。

而伴随而来的奖牌，荣誉，可算是锦上添花了。作为鸿渐茶艺

馆的掌门人，许长洋先生如今可谓身兼数职，既是全国茶馆专业委员会副主任、中国茶叶流通协会会员、中国茶文化研究会会员，高级评茶师，茶艺师高级考评师，还是长江大学和宜昌三峡大学特聘教授。

秉承着对茶文化的热爱，许长洋带领着自己的员工们，一直将发掘荆楚文化、弘扬中国古代茶文化视为己任，致力于推动饮茶方式的普及化，它将文化与经营处理得相得益彰。而这种以文带商，以商养文的经营方式，也得到了社会各界的一致肯定与赞扬。随着知名度的不断扩大，就连不少外国旅游团都接连着慕名光临，想要来此一睹茶文化的风采。

有人说，生活其实就像是个万花筒，随便转换一个角度，我们就能够恍然发现另一处风景、别样的风情。鸿渐就是这样一个万花筒，面面风情、别样精彩。如果说美，只存在一秒，那么借着鸿渐的茶香、茶情，或许我们还可以把这份美定格下来，延续不止。

石雕与茶的碰撞

——记大河茶馆

人们总是说科学是不分国界的，可以忽略了肤色，也无所谓互相排斥的政治观点，只要是拥有共同的一个目标——为了全人类更美好的未来生活，全世界的科学家们就都可以让所有的资源团结在一起，而后迸发出更加轰轰烈烈的力量。

其实艺术又何尝不是如此呢？虽然艺术看似缺乏科学的严谨，但是至少也比那些枯燥的数据活泼。而在艺术的氛围中，我们无疑能够惊奇地发现，原来物品也是可以被塑造出生命的。

豪华大包厢

大河茶馆的公司董事长，也是一直将自己的喜好之花，稳稳地绽放在工作的枝头之上。

虽然过去一直从事的是房地产行业，但是心中对古玩收藏的爱好，却是从来都没有改变过。而且他的收藏方向也是非常地独特，名人字画大河董事长当然也很喜爱，但是身为湖湘子弟，他对故乡历史源远流长的文化更加感兴趣。几十年来，他收藏的桃源刺绣、桃源木雕、醴州塑瓷以及沅州石雕已经多达上千余件。俗话说“独乐乐，不如众乐乐”，收藏者的爱好不止是将心中的珍宝摆在家中，只允许供自己把玩。为了能够更好地让更多的人了解自己故乡的本土文化，以及民俗文化，大河茶馆——也是全国首家博物馆式茶馆，于2007年12月18日，正式揭开了这一段历史的神秘面纱。

我们都知道茶自古以来深受各个阶层人士的喜爱，几乎算得上是中华民族举国之饮，更是世界三大饮料之一。而各式各样的石雕、木雕等古董物件，更是见证了几千年的中国文明。但是历经千年，两者却几乎没有交集。而大河茶馆，又名中国沅州石雕博物馆，为它们的和谐共处创造了机会。

不打无准备之仗

虽然曾经一直是在从事房地产等其他行业，进进出出都是粗犷的面孔与心情，但是既然已经决定要在茶饮的世界中迈出第一步，那么也绝不能随随便便地就落下第一个脚印。

不过这句话如今说起来轻松，可是“万事开头难”，想象一个对茶文化了解不是很深、对茶道的概念也还是一知半解、对茶馆所属的服务行业更是未曾有过接触的创业团队，在工作伊始自然是感觉无所适从，不知道该如何下手。

尽管头绪很多，但是工作还是要一个阶段一个阶段地来。“不打无准备之仗”，更是董事长多年来从商的经验所在。既然只有“知己知彼”，那就从认识茶开始把。

刚开始，大河创始团队的人员并不是十分充足，但是这也使得每一位参与者都有机会，近距离去学习第一手资料。

于是，团队走访各地的茶叶市场，了解各地的特色茶叶，搜集各个方面的茶文化信息，对茶馆行业进行市场调查等，任何一个环节都是既耗时、又耗力的漫长过程。

当然，在所有员工“不打无准备之仗”的信念之下，今天的大河茶馆，已经如初升的太阳一般，开始在茶馆界里显现出蒸蒸日上的无穷潜力。而董事长创始时的本意——希望更多的人开始关注湖湘的本土文化，也正在慢慢地走进人们的生活。

冰心曾经说过："成功的花儿，人们只惊羡她现时的明艳！然而当初她的芽儿，浸透了奋斗的泪泉，洒遍了牺牲的血雨。"的确，每件事情的完成，或许在旁观者的心里，掀起不了多大的波澜，可是，当一切步入正轨，每一处细节，都能够让这些曾经为之奔波劳苦的人心怀感慨。

大河茶馆的创始团队正是如此。为了这句"不打无准备之仗"，所有的员工都付出了自己最辛勤的努力。现在回过头来看，抚摸每一处桌椅，擦拭每一个角落，哪怕是面对顾客的每一个熟悉或陌生的面孔，他们都能够从心底里绽放出最最真诚的微笑。就像是怀胎十月的母亲，慈爱地凝视着自己的孩子。每一位员工都由衷地把这里当做自己的家，而来到的每一位顾客，自然也能够感受到一种家的温馨，以及朋友似的祝福与问候。

浓郁的地方文化氛围

在大河人的眼中，他们的茶馆，并不单单只是为大家提供一个饮茶休闲的场所。在大河，他们细心营造了一个浓郁的地方文化氛围，并且以此为基调，让人们在饮茶、品茶的同时，还能够享受到一场古玩艺术品带来的视觉盛宴。

大河茶馆以地域差异性为依托，以传播湖湘本土文化和民俗文化为宗旨，依托文化发展经营，把民俗文化和本土文化做精做足，茶馆以深厚的文化底蕴成为众多茶人以茶会友、思考问题的交流中心。

作为全国首家博物馆式的茶馆，大河茶馆的硬件设施，就非常别具一格，是其他同行难以逾越的。顾客刚迈进大河茶馆，就会发现其与众不同的装修艺术，以及独树一帜的装潢设施，着实是让人眼前一亮。

店堂之内，首先映入眼帘的就是具有江南园林特色的一些传统文化意象元素：精致的吊脚楼、玲珑剔透的古船、《送别》这首歌里的八角亭、静心的佛像以及古朴典雅的青石瓦楞……

这些元素拼接在一起，让走进茶馆的顾客们，就仿佛是一下子从玻璃水泥般的现代社会，掉进了时间的漩涡，回到了那个离我们遥远而又陌生充满着神秘色彩的古代。

而在大河，顾客看到的还不仅仅是这些古色古香的建筑单元，还有丰富的沅州石雕、桃源木雕、醴州塑瓷、桃源刺绣、名人字画等古玩艺术品。因为大河董事长的多年珍藏，如今几乎都被摆放在了大河茶馆，所以大河也不仅仅是一个茶馆的意义那么简单。

大河的服务宗旨和其他服务行业相同，同样是“顾客至上”。但是在大河，茶客们不单单能够享受到一对一的个性化服务，还能够得到大河员工的温馨服务。作为博物馆的特殊民间类型，大河还为广大顾客们提供了与文物零接触的机会，以及专业的讲解服务，让顾客们在品赏香茗的同时，还能够让自己的精神得到极大的满足。

由于大河在传播古文化以及家乡特色方面做出了极大的贡献，所以先后被国家评为国家AA级旅游景点、常德市建设文化名城示范单位、湖南省文化产业“优秀单位”。

如今的大河，已经成为湖南独一无二的文化旅游接待景点、湘西北规模最大的古玩艺术品超市、常德地方文化产品的工艺品开发平台。我们有理由相信，在不远的未来，大河茶馆在文化领域会比现在更加有影响力。

安华黑茶——可以喝的文物

茶在中国的出现，几乎要与可以记载的人文历史同步。而漫漫五千年的历史，也给了人们研究茶的足够机会。总体来说，我国的茶品大概分为六种：绿茶、黄茶、黑茶、白茶、青茶、红茶。

其中，黑茶的制造始于明代中叶。明御史陈讲疏记载了黑茶的生产："商茶低仍，悉征黑茶，产地有限……"

而黑茶的横空出世，其实也是有一些偶然的因素在其中。当在制作绿茶的时候，如果杀青时叶量过多而火温又偏低，那么就会使叶色变为近似黑色的深褐绿色；或者是以绿毛茶堆积后发酵，渥成黑色，就会生成我们所看到的黑茶。

所谓无心插柳柳成荫，因为一个美丽的错误而诞生的黑茶，已然成为我国特有的一大茶类，甚至自唐朝开始，就已经被明文列为了上朝贡品。

中国自古就有"以茶治病"的历史，而在古代民间，白发苍苍的老中医们依靠老茶来治疗糖尿病、痢疾、伤风等的故事也是有记载的。现代医学也已经肯定了黑茶的诸多医疗功效：补充膳食营养、助消化、解油腻、顺肠胃、降脂、减肥、软化人体血管、预防心血管疾病、抗氧化、延缓衰老，延年益寿、抗癌、抗突变、改善糖类代谢，降血糖，防治糖尿病、降血压、利尿解毒、降低烟酒毒害、杀菌、消炎等。

因此，黑茶又被称为“少数民族生命之茶”。大河所在地——湖南更是以其居全国百分之六十的产销量堪称黑茶大省，是我国最大的黑茶产地。而大河茶馆馆藏的十年以上黑茶，就有近千余斤，被誉为“可喝的文物”。

大河茶馆的茶客阶层广泛，其中又主要以中高端客人为主。作为常德地方文化的一张名片，大河茶馆以其深厚的文化底蕴，吸引了一大批海内外慕名而来的专家学者，以及文化艺人。

而文人骚客在品味香茗的同时，诗兴大发挥毫泼墨的也绝不是少数。至于一些社会名流在参观品茗之后，更是成为了一块活招牌，为常德地方文化的传播作出了不小的贡献。

茶如人生

老百姓们经常会说：打开家门，就是柴米油盐酱醋茶。可见，茶在日常生活中虽不是至关重要，却也是不可或缺。而对于古今的文人们，一句琴棋书画诗酒茶，更是道出了茶与文人修养的密切关系。

人们喝茶，源于养生，可是并没有止于养生。虽然近几年来，关于茶叶的健康功效，专家们研究出来的是越来越多，但是一杯清茶，带给我们的却远远不止这些。中国人饮茶早已脱离了解渴治病的低层次需求，在饮茶的过程中，更多的人开始追求一种情趣。

沅州石雕走廊

都说“品茶如品人生”。一杯清茶，可以让一颗浮躁的心，变得舒缓安静；一杯清茶，可以让追求杂乱的心情，陡然开朗明澈；一杯清茶，可以提升个人的文化品位；一杯清茶，还可以让我们结交到更多志同道合、天南海北的好友。

陈从周教授曾经这样表达自己对品茶的理解，他说：“饮茶，中国人称之为品茗，意在品字；日本人称茶道，贵在道字。这是真正的东方文化，饮茶更是一种高度文化的表现。”

有诗曾经说道：“高灯喜雨坐僧楼，共话茶杯意更幽。”佛家讲究“茶禅一味”，而在大河茶馆，更是将茶馆与博物馆有机地结合在了一起。来大河茶馆，品茶品人生，一品其香，二品其味，三品是无尽的回味。在这里，生活即艺术，艺术即生活。

明德修身，惠己达人

——记湖南娄底明惠春园茶庄

似乎那五千年历史悠久的茶文化，早已将你我灵魂洗涤荡清了一番。

这里就聚集了这样一群爱茶的人，他们不迷那忽上忽下的股市走势，亦无所谓上天入地下海的山珍美味。相比那些对于生命本质其实并无多大关联的东西，他们总是觉得可以视之为风，或来或走不关己事。对于他们，为求生存而辛劳之余，最最能使自己那疲惫的心灵感到真切慰藉的，莫过于寻一处风景，品一杯清茗，畅快淋漓之余，感慨一句：品茶恰似玩味人生。

这就是明惠春园，这是一家以中式元素和茶文化为主题，集品茗、赏艺、休闲、书画及商务等多功能服务于一体的专业茶庄、文化茶庄、精品茶庄。就像是繁华之外的洞天，没有喧嚣、没有纷扰，这里有的只是亲切恬静的主人和悠然自得的客人。

至纯、至真的茶文化

庄主自从2002年开始，就对茶的事业情有独钟，深深为茶的那一缕清香迷恋不已，更对茶文化的博大精深所慨叹不已。如何表达自己对茶的这种迷恋呢?

在四处浸润茶文化的过程中，庄主开始为茶庄之内的麻将棋牌声所困扰，为熙熙攘攘不得安宁的茶环境所迷惑。他越来越深刻地体会到，要想做茶，就要做得专业，就要做得文化底蕴十足。于是，他立志要做一个完完全全营生茶文化，传播茶艺茶道的清茶馆，还茶的世界一缕纯净。

于是，在2007年秋高气爽的十月，明惠春园茶庄

成立了。

茶的历史绵延几千年，而日渐完美的茶道精神“和、静、怡、真”，更是很多忠实茶粉丝一直想要追寻的精神境界，至于佛学中与茶道殊途同归的“茶禅一味”，更是带给庄主很大的启迪与明示，于是，他选择了“明惠”，这两个孕育了禅学与茶道的隐晦哲理的文字作为茶庄的名字，而“春园”两字意在带给客人满心春意盎然的生机。

庄主并没有把茶庄的经营作为赚钱的途径，他赋予了茶庄一个伟大的使命：传承中国茶文化。“以茶可行道，以茶可雅志”，中国人视道为体系完整的思想学说，是宇宙、人生的法则、规律，在中国饮食、玩乐诸活动中能升华为“道”的也只有茶道。茶艺、茶德、茶礼、茶理、茶情、茶学说、茶道……对于庄主来说，这些中国自古传承下来的茶文化是最最宝贵的，是最最不能舍弃的。

明德修身、惠己达人

明惠春园茶庄与其他茶馆明显不同的是，一进门，你就

能够感受到一种别样的文化情愫，用一句土话来讲，“空气都有一股文化味”。

或许是因为庄主本身在文化路上已经有非常高深的素养，茶馆内的一幅字画、一块石头都显得那么的诗意；抑或是因为店内员工的精神面貌非同一般，他们的言谈举止总是那么的风雅；抑或是因为出入店里的客人大都是文化学派出身，“往来无白丁”带动的空气也多了几分书卷气息。总之，在明惠春园，总能感觉到一种无形地提炼，你会感到一种文化的气质正通过空气进入你的身体，流入你的血液，作用你的细胞，恍惚间，自己的面庞好似也有点仙风道骨了。

而这一切都源于明惠春园独特的企业文化。

明德格物，语出《礼 · 大学》，取“德才兼备、以德为先”之意，明德即立德修身。立己达人，语出《论语 · 雍也》，取“独善其身、兼济天下”之意，达人即尽责尽心。秉承着立德修身、兼济天下的理念，明惠春园以“明德修身，惠已达人”作为自己的企业文化，作为规范企业行为的最高纲领。

虽然这里员工的待遇，算不上是茶馆界收入最好的，但是明惠春园却有另一番

“权术”，这里的“权术”，指的就是开心，让员工开心，自然客人就能开心。

明惠春园会定期组织员工培训，全面提高他们各个方面的素质，也正因为如此，在当地，明惠春园成了业内最有说服力的培训基地，每一位员工离开了，都会受到其他茶馆的热烈欢迎，并且能够受到重用，自己的职业生涯能步步高升，跨人新的台阶。对此，馆主也乐见其成，“这对茶文化的传播是有益的，以我一己之力很难把这个行业做大、做强，我希望无数同行能跟我一起前行。”

当然，明惠春园的团队还是很稳定，有不少人是跟企业一起成长起来的，哪怕外界有更好、更动人的诱惑，但是，他们在这里有自己的坚守，“老板对我们特别的信任，很多大事，都放手让我们去做，并且店里没有老板的任何亲戚，这让我们做起事来很舒服，很自在。”

在明惠春园，每一个店员，基本上都是大专甚至以上学历，因此，无论是接待客人进退有度的迎宾小姐，亦或是脸上总是带着淡淡笑容的茶艺师，每个员工的谈吐，以及在所有顾客面前所展示的形象，都早已经将茶的那种文化气息，绵延到了

明惠春园的每一寸空气里。

而这样的文化特色，不但让人看到了茶庄庄主那与众不同的经营原则，也吸引了很多渴望共鸣的茶客。无心插柳的是，明惠春园也得到了更好的发展。到现在，除位于湖南省娄底市春园北路的石马公园西门口处的总店外，明惠春园已经相继发展了三家连锁店。

相识相知都源自于茶的清香

一直怀揣着“至诚感恩”的服务理念，以及“明德修身，惠己达人”的企业文化，明惠春园茶庄兢兢业业地在茶的世界中悠然忙碌，也在悄无声息毫无所求的耕耘中，水到渠成地收获了诸多的荣誉，以及业界的肯定与赞美……

2009年被评为娄底市消费者满意单位，2011年被中国茶叶流通协会、《中

华合作时报》、《茶周刊》评为全国百佳茶馆……种种荣誉，都已成为了明惠春园的自豪与骄傲，更是成为了在茶路上继续耕耘的最大动力。

2012年1月18日，明惠春园茶庄更是开该市茶业界之先河，为众多茶艺爱好者全新呈现了一场精神盛宴。出席晚会观赏演出的，不仅有很多省茶艺协会的领导、省内外多家百佳茶艺馆负责人，当然还少不了一直支持明惠春园的众多茶庄高端客户。

而这场经过明惠春园精心组织和策划的，以古典诗词为主的传统文化，与现代茶文化相结合，以茶艺表演为载体的迎新茶艺晚会，也让更多的人开始关注，开始了解茶的魅力。

整个晚会不但展现出了丰富多彩的精美古典服饰，各式各样的茶艺道具，还配以优雅的朗诵、轻柔的舞姿、天籁般的音乐，怎能不令人陶醉、令

寶慶府
淡飯清茶有真味

人难以忘怀？

而晚会的绿茶茶艺、功夫茶茶艺、铁观音茶艺、普洱茶茶艺等16个以茶文化为主题的茶道节目表演，更是赢得与会人员的充分肯定，让所有的来宾都再次深陷进对茶世界的深深爱恋。

就像是晚会的开场白所说的一样：很多人来到明惠春园，相识相知却都是源于茶的清香。我们都爱新茶的清新自然个性彰显，更爱陈茶的成熟内敛从容淡定。闲暇之余，我们最爱觅一处佳地，慢慢品茶，而在那茶香陈韵里沉淀而又扬起的，又有谁知道是不是我们彼此的心情？

品茶，品生活

明惠春园茶庄庄主是一个讲究生活，同时也非常懂得生活的人。他说自己做茶，做专业的茶文化，每天怀揣着的都是自己品茶时的心情，不刻意追求但是已然有足够的善意。

就仿佛是他开设茶园以茶会友的出发点，亦然。

庄主经常出去考察，而即便是闲暇旅游远行的时候，碰到有意思的，也会念念不忘，想尽方法带回来跟自己的茶友们共同分享。也正因为如此，这里的每一幅画，每一篇字，每一处细致的景观，细细观察，仿佛都是茶的幻化，茶文化的演绎。

品茶不像饮酒那般，一杯入口，激情顿起。品茶，是越喝越安静，让人心灵沉淀，回味无穷。漫步于明惠春园茶馆之中，看着那满墙的名门书法，品味着空气中淡淡的书香气味，体验着实实在在的有心人对茶文化的演绎，心自然而然就会产生一种空灵的感

觉，而在浮躁的社会中，我们需要的正是这种感觉，需要一种对文化的敬仰、一种对尘世的驱逐。

如今，哪怕是明惠春园的高级会员也已经屈指不能数了，有些忠实的老顾客，甚至每天都要来此报个到，仿佛只有这样这一天才叫过得圆满。我们总说爱上一个人只需要一秒，忘记一个人却要耗费一生，但是来明惠春园，我们收获的只有欢愉，放松，释放，与一群志同道合的茶友，它让我们挚爱如命，一生难忘。

渌羽

渌水旁边，茶香漫情

——记渌羽茶艺馆

背靠绵延清澈的涟水河，吸吮着清神明目的茶香，四围通透，满目皆景。春花秋月，夏露冬雪，与四季同行，与风景相融。阳光洒在身上，透过仿古格的栅窗，随便往哪边望，呈现出的都仿佛是一幅天然雕琢出来的山水画。身处在这样的场景之中，你会不会有那么一瞬间就产生了错觉，怀疑自己是不是一不小心也赶了一次时髦，穿越到了哪里的“水月洞天”之地呢？

抬头看看那玲珑建筑上面明晰的牌子，豁然写着“渌羽茶艺馆”几个大字。咦，难道说是传说中的茶圣又转世了，这不明摆着是陆羽老人家名字的谐音吗？

更令人赞叹的是，渌羽茶艺馆紧挨着淙淙的涟水河，一个“渌”字，不但取了茶圣姓氏的谐音，还代表了水质甜美清澈的含义。至于之后的一个“羽”字，白洁照人，以茶交友之诚，溢于言表。

一瞥定茶情

渌羽茶艺馆的馆主，独独对这一抹茶香情有独钟。

说到当初为什么会与茶结缘，这一张木桌，一壶茶盏到底是如何俘获了馆主的心，一席回忆就将时光恍然拉回了几十年前。

馆主说，还是在自己年纪非常小的时候，就经常见到家里大人们将一片片树叶式的东西放进一个大瓷缸子里，然后拿滚烫的开水冲泡出一壶浓茶水来。懵懂的年岁里，她还曾经好奇地将茶叶放在口中咀嚼，思来想去，丝毫都不觉得那树叶似的东西苦涩，反而忍不住感叹，这么清香的东西跟那个几乎已经掉完了漆的大瓷缸子简直太不协调，一点儿都不搭。

开茶馆的念头还是在十年前一次偶然的旅途之中陡然出现的。馆主跟朋友去广州游玩，发现爱玩懂生活的广州人，无论男女老少，竟然无一例外都爱喝茶。

即便是一些喜好新鲜刺激的年轻人早上难以抗拒床被的诱惑，也必定会三三两两地约好了下班之后再去；而那些大半辈子都泡在茶香中的老年人们退休了之后没什么重要事情做，甚至能够在茶馆里一坐就是一天。就这样，无论是当地人对“潮州功夫茶”的讲究与热忱，还是那本身就充满了韵味的潮州茶，都让馆主的好奇心膨胀到了极致，曾经烙在脑海里深深的茶香记忆也再次地翻腾了起来。

茶，自然是与一个斑驳的大瓷缸子不相匹配的，这么清香淡雅的东西，当然要用来细细品味。仿佛是命运早已经写好的缘分一般，偶然的惊鸿一瞥，就让馆主的心思，与那清香茶叶魂牵梦萦，更让馆主回去以后就开始思索，如何将这样高雅幽静的文化，传播给自己家乡的人们，让更多的都市人能够有机会，平静一下自己浮躁的心情。渌羽茶艺馆也就这样应运而生了。

采茶学茶，事必躬亲

在渌羽茶艺馆里，主打的品牌还是要数各地特色的绿茶，如碧螺春，龙井，以及当地的毛尖等。而被人称之为“茶中古董”的黑茶，更是早早就被渌羽茶艺馆摆放在了柜台。

在渌羽茶艺馆里，无论是哪一种茶，在馆主的眼中，那都是一个鲜活的生命，是她一种种，一样样不远万里，不辞辛苦地从全国各地的茶叶博览会上杯杯品出来，袋袋装回来的。

馆主说："只要是店里的茶叶品质有保证，同时也得到顾客们的认可，那么这就是我们最好的广告。"谁说不是呢，比起如今很多明星大腕不加了解就稀里糊涂地代言广告，馆主的良苦用心，更是让人看到她爱茶的真诚。

这些从全国各地汇聚而来的精品茶叶，在渌羽茶艺馆里，仿佛都有灵气一般，各自拥有自己的专属地盘，分别装在茶柜里面，每一种茶在渌羽茶艺馆都得到了精心的养护。因为，在茶馆主人的眼里，每一种茶都是一个鲜活的生命。

中国地大物博，茶文化也是有着其悠久的历史，蕴含的礼仪习俗非常地丰富。所以想要传播茶，不仅仅是茶叶本身要保证品质，还要有讲究的茶艺展示，才能够让更多的爱茶人了解茶，懂得茶。

湖南岳阳是我国名茶的发源地之一，而岳阳市里也早已经成立了茶协会，既然有着这样的天时地利，馆主首先自己虚心找到几位对茶艺颇有研究的老师，学习茶艺有半年之久，自己也成为了当时湖南少有的几个高级茶艺师之一。即便是如今店里几位茶艺师都已经小有名气，可是馆主仍然不忘把大家叫到一起，切磋探讨，如何才能够把茶文化发扬光大，这样的主题永远都印刻在这些爱茶人的心中。

别叫我老板，叫老师

馆主平日里无事的时候，也喜欢坐在自家店里，给大家展示一番茶艺表演。虽然如今已然做了老板，可是她更愿意自己的员工以及顾客称呼自己为老师。或许是曾经的教师职业生涯，还让她留有怀念，亦或是她骨子里为人师表的精神从来都不曾离开。

作为馆里最资深的茶艺师，馆主相当注重茶馆中为顾客们所营造出的文化氛围。她总是说，喝茶第二，感受第一。

而一些经常来到店里光顾的老朋友们，也无不迷恋此处的茶艺表演，总是说渌羽茶艺馆的茶艺最是正宗。每到周末，或是提前知道馆中要举办一些书画活动之时，茶友们必定会提前来电预定出座位来，绝不错过这样一次精神与五官的绝佳享受。

就这样，一个店面不能满足客人们的需要，馆主另开了分店，正宗的茶艺表演，茶舞欣赏每周都会按时上映，真是让当地的爱茶之人，

以及慕名而来的客人们直呼痛快！

让茶艺师撮上一撮普洱，放进宜兴老泥紫砂壶中，宽水焖泡，少顷，观汤，品味，细细感觉普洱那由内而外弥漫出来的，醇厚、绵长、温和而底蕴十足的陈香。那香与乌龙的霸道、绿茶的飘逸相比，是不是更接近人生的味道呢？

行家都说喝龙井要听古筝，而喝乌龙则必须要听琵琶，那么能够与普洱相配的就是古琴了吧。可是无论哪样，搭配起来感受，才会让人不由得从心底发出一声感叹："这样的生活才叫做享受人生啊！"

挑水沏茶 独此一家

其实当地的茶馆，当然不会是只此一家，可是为什么这里的茶水品尝起来，就是和别家的有那么点儿不同呢？原来除了茶叶的品质要有保证之外，泡茶用的水也是相当地讲究。

茶圣陆羽在《茶经》中，曾经就有专门的文章评论煮茶之水："其水，用山水上，江水中，井水下。"对于井水，渌羽主张"取汲多者"。

而在渌羽茶艺馆，用来泡茶的水，从来都是从离馆稍有些距离的一口井里挑来的。有人或许会说，用自来水有多大区别呢？或许在人们的眼中，两种水冲出来的茶没有那么明显的区别，但是在精益求精的馆主心中，水的品质，也要像那句脍炙人口的广告语所说的一样："没有最好，只有更好。"

说到挑水，也难免让人头脑里浮现出扁担悠悠的场景。在如今到处都是钢铁水泥、车轮尾气的快节奏生活时代，所有人的生活几乎都是步履匆匆，是不是很难想象在这个城市竟然还能够让人找寻到人工精心酿制的一份淡然心情？

在渌羽茶艺馆，那扁担摇晃出来的不仅仅是那一捧甘甜的井水，还有让人早已经远逝的童真与简单。

赠彼一杯，茶香一辈

有了精选的茶叶，有了上好的井水，把每一个细节之处都放在心上的渌羽茶艺馆，当然对这容器也绝不马虎。

有人曾经说过，杯子，是不能够轻易被选作礼品的。因为杯子，同时还有"辈子"的谐音，如果你送人家杯子，就是要付出如此的感情一辈子的意思。

在渌羽茶艺馆，经常过来坐的常客是属于会员制一类的。对于这样的客人，他们一般都会有一个专属于自己的特制茶杯，上面还特意写上了名字，各种笔体，很有韵味，也让客人在这里特别有归属感。有的客人在这里，甚至有好几个杯子，喝绿茶的时候或许是个大杯，而到想喝红茶的时候呢，也许就会换上了另外一个精致的小杯。

渌羽茶艺馆自开张迎宾的第一天起，就一直坚持着这样的一个口号，即：以诚为本，以和为贵，以礼待人，以质取胜。而经过这十个年头的岁月锤炼，渌羽人对待传播茶文化的那种热忱就一直都不曾消逝过。

谈到这些年经营茶馆遇到的烦心事，馆主一脸淡然的笑容。俗话说“万事开头难”，想要撑起一个茶馆，不但要找好质量靠得住的茶叶货源，服务人员的招聘方面也是相当地重要。因为茶艺师相对来说也属于技术型人才，而对于文化氛围要求浓厚的茶馆来说，即便是一个小小的收纳，对其气质也是要求非常高的。所以，当初为了能够打造一间够档次的休闲型文化气息茶馆，馆主在招聘人员的过程中可是煞费苦心。

有位哲人说的好：“如果结局是喜剧，那么过程中有多悲惨我也能够忽略不计。”大概正是在这种乐观积极的情绪下，馆主才能如此平静地回忆当初创业的艰辛与不易吧。

如果说相遇简单，只需片刻；而忘记却很难，往往需要我们一辈子的时间。但是在来过渌羽茶艺馆，记住这里的笑容，熟悉此地的茶香之后，我想我们是找寻不到理由，来把她忘怀。

老龙井

茶水双绝

——记西湖老龙井御茶园

“西湖美景，三月天呐，有缘千里来相会，无缘对面手难牵……”这首活泼轻松、脍炙人口的歌谣，总是会让人不由自主地联想到西湖水畔动人的爱情故事。不知道这西湖的美景艳阳，到底是做了几分的推波助澜，促成白娘子和许仙的姻缘。

世界很大，所以此生一遭，很多人都不甘平淡，迷恋于挎着背包浪迹天涯；世界同时也很小，所以才会有人找到了自己的所爱之后，就情愿不再离开一直停留。

或许只有真正来到过西湖河畔的人，才能够切实体会到那句“上有天堂，下有苏杭”的含义吧。沐浴在温暖和煦的阳光之下，会让人感觉到生命原来也是有温度的。安静的湖面在阳光的照射下，波光粼粼，闪现出一种奇特的光芒。这与周围的绿树丛影，恰到好处地结合在了一起，给人一种别样奇特的美感。

身处在这样妙不可言的美景之中，或许才明白，为什么风流倜傥的乾隆皇帝，总也忘不了这江南的美景，忘不了湖畔的倾世美人。据说乾隆六下江南巡杭州时，曾在狮峰山茶园摇头晃脑，一杯接一杯地啜饮“色、香、味、形四绝”的当地龙井。喝过之后，余兴未尽，又挥毫题诗，写下了“火前嫩，火后老，惟有骑火品最好”之句。看来，对于喝茶这一门学问，乾隆皇帝还真算得上是个行家。

宋代大诗人苏轼也曾经领略过此处的风情，作诗道：“欲把西湖比西子，淡妆浓抹总相宜。”而如今的西湖水畔，让人流连忘返的不仅仅有白素贞与许仙浪漫的印记，还有文人墨客挥毫泼墨的拓痕。在那西湖的御茶园里，飘出来的淡淡茶香，也在不知不觉中，牵绊住了游客们的脚步。

西湖，不仅是一个盛产浪漫邂逅爱情的地方，还是龙井茶的重要发源地。而为了保护，并且弘扬西湖的龙井茶文化，浙江省政府特意批准了老龙井御茶园的筹备工作。老龙井是在2002年5月开业的，隶属于浙江省省级机关事务管理局，也是浙江省政府的一个重要接待点。而该店的茶艺表演队，更是代表中国，远赴德国参加文化交流活动，为宣扬中国茶文化，奉献了一己之力。

龍井問茶

言不尽西子

老龙井位于风景秀丽的西湖风景名胜区，坐落于西湖龙井茶的发源地，不远处就是核心茶区龙井狮峰山麓。

老龙井占地60亩，山姿绰约，树影扶疏，茶园青青，泉水汩汩，放眼望去，满目皆是风景。而这得天独厚的自然风光，就仿佛是沾有仙气的层峦叠嶂，自然会引来美丽吉祥的凤凰。山上有千年古寺，古寺里处处都是千秋文章。

而身披御茗贡茶的外衣，龙井茶更是早已名声在外，引得无数名臣骚客，来此观赏品尝。所以有人就戏称，在西湖，俯拾皆为人文，真是一点儿都不假。

这里有千年不绝的龙井甘泉，历尽沧桑的山门残垣，已近千年依然傲立的腊梅，还有乾隆皇帝封的十八棵御茶。

这样得天独厚、独一无二的地理环境，以及多姿多彩的历史底蕴都让老龙井拥有着与生俱来，也无法复制的资源和优势。

独特的地理环境，让老龙井御茶园占尽了天时地利。每一位来到西湖的旅客们也无不对这里的美景心驰神往。有人说过：“对美的最大欣赏，莫过于耐下心来去了解它，熟悉它。”而老龙井御茶园就细心体贴地为各位茶客们提供了此项服务。在品味香茗之前，园内会有专门的讲解员，带领着茶客们参观园内的各个角落，并为之讲解介绍老龙井的一些人文历史知识。

说必及龙井

就这样，园内的景色早已让茶客们尽享了一场精神盛宴，而到达了园内的休闲品茶区后，我们会发现那里更是有品种繁多的品类在等待着茶客的挑选。

来到西湖，当然要首选当地最具特色的招牌茶，西湖龙井——曾经与虎跑水一并被乾隆皇帝评价为“茶水双绝”。

北宋高僧辩才法师归隐此地，经常与苏东坡等文豪在龙井狮子

峰脚下的寿圣寺品茗吟诗。苏东坡就曾写有“白云峰下两旗新，腻绿长鲜谷雨春”之句，来赞美龙井茶。时至今日，在十八棵御茶园中，狮子峰山脚的悬岩上仍保存着苏东坡手书“老龙井”的摩岩石刻。

而为了能够让顾客享用到正宗的西湖龙井茶，御茶园一直坚持，只销售产自狮峰茶区的原产龙井，保证了质量的信誉。曾经拍出73万天价的“十八棵御茶”，如今也已是御茶园独特的自主品牌。

静坐在大自然的天然氧吧之中，品味着正宗的狮峰龙井，就连那精制地就跟工艺品似的茶点——像什么茶瓜子、茶梅、茶酥等，也都是和茶息息相关的。如此放松惬意的心情，可是比吃了西游记里的人参果还要妙上百倍。

除去可以品茶赏景，茶客们还能在御茶园里，品尝到独特的野味菜肴。老龙井御茶园的餐饮与环境相得益彰，内部设有大小包厢共11个，能够满足不同顾客的消费需求。而每个包厢，大到格局布置，小到桌椅摆设，都能让顾客充分感受到美好。而此地的菜肴，也是以茶为基，味为本，将农家菜的朴实风格和周边的美景相

结合，使得各类山野珍馐都茶韵十足。御茶土鸡煲、龙井问茶、五谷丰登等特色菜，更是早已众口皆碑，成为了老龙井的招牌菜。

除此之外，园内还设有水云间自助休闲餐厅，是一个可以容纳100人的杭州首座户外自助茶楼，提供各种茶水、茶点、水果、菜肴以及烧烤。顾客可以在尽享大众茶楼的自助式乐趣的同时，游山乐水，尽情与大自然亲密接触。

放眼望去，到处是花红柳绿的美景；闭目倾听，是微风拂过，柳枝飘动，湖水淙淙的清脆声；屏住呼吸，仿佛担心肺里刚刚吸进的茶香就要离去；轻启朱唇，贪心地想要把这甘醇滑爽的味道永留心底。

赏景，品茗，看淡人生

茶在现代人的生活中，已经具有了多重的身份。它不仅是深受人们所喜爱的一种健康饮料和保健品，更是值得品味把玩，甚至是珍藏起来的艺术品。

作为古今文人以及士大夫们青睐有加的生活必需品，茶，更是身负着既能让人明目清思，又能让人和平处世的重要职责。

著名作家鲁迅先生，弃医从文，写出来的文章犀利有劲，被称之为插入敌人心脏的一把匕首。但是就是这样严谨忧国的作家，也是有他柔和的一面。一生对茶的爱好，更是体现出了他一生淡泊、关心民众的高尚情怀。他在自己的一篇杂文《喝茶》中，就谈道：“有好茶喝，会喝好茶，是一种清福，不过要享这清福，首先必须有工夫，其次是练出来的特别的感觉。”

这当然不止是鲁迅先生的观点，很多爱茶人也都是这样，用心去体味，去赏鉴茶的。唐代诗人元稹，就曾经为茶专门写过一首宝塔诗——

《一字至七字诗·茶》
香叶，嫩芽，
慕诗客，爱僧家。
碾雕白玉，罗织红纱。
铫煎黄蕊色，碗转曲尘花。
夜后邀陪明月，晨前命对朝霞。
洗尽古今人不倦，将至醉后岂堪夸。

可见，在某种程度上，茶，其实更是代表着一种文化，一种价值取向。惟有淡泊，才能宁静，才能对人生做最深入、最细致、最独到、最有价值的品位。

这个周末，不妨就来到御茶园，赏赏风景，看看天空，品品香茗，聊聊心事。一个人的生活，唯有如此轻盈的调剂，才不会枉费我们一遭的生平。

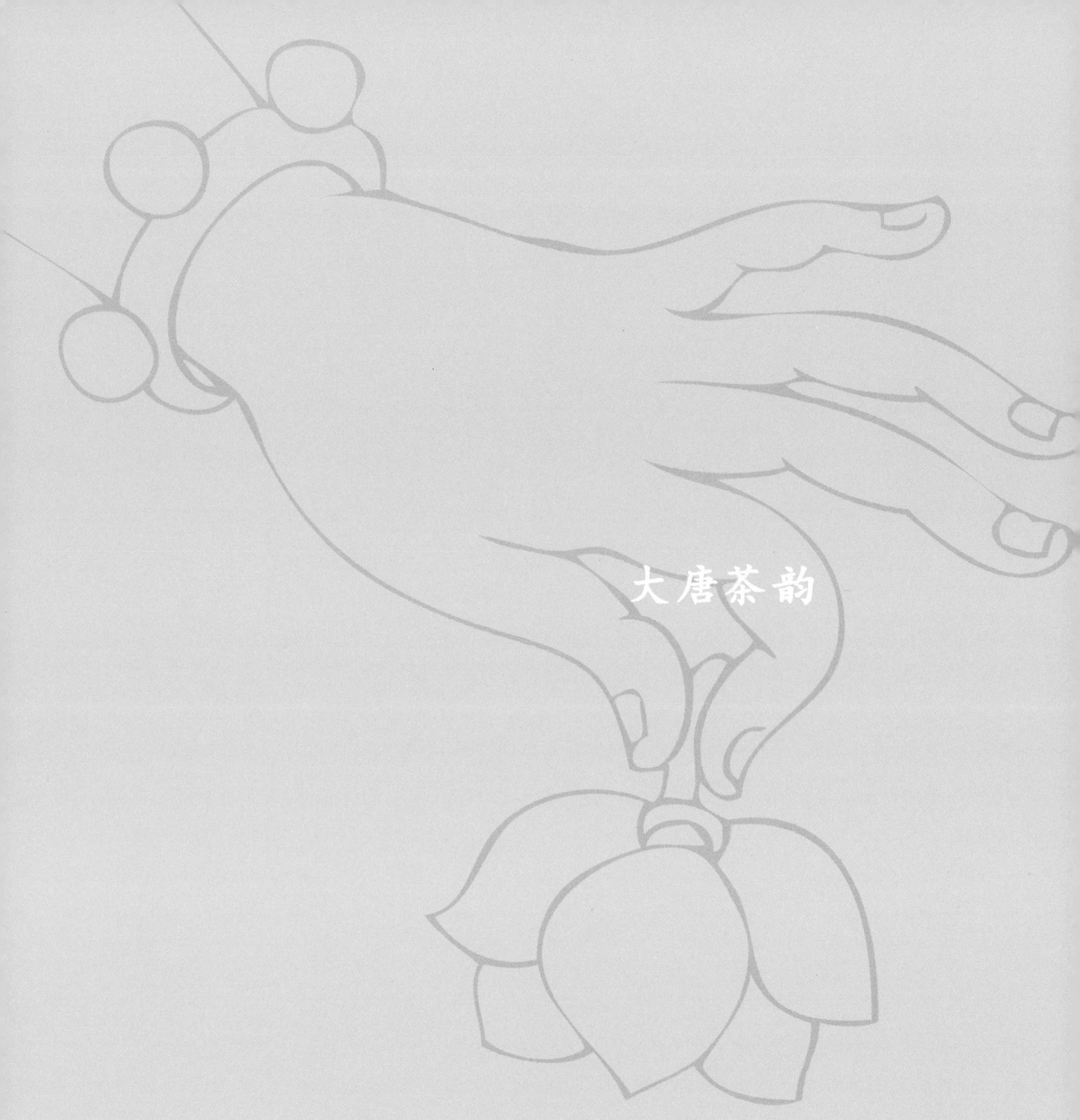
大唐茶韵

唐朝并不遥远

——记大唐茶韵茶馆

当现代的喧嚣无孔不入的时候，我该怎样来形容“大唐茶韵”呢？是的，没必要夸耀处处体现唐朝元素的装修风格。藤的桌椅、雅的配饰，青瓷的杯具和优雅的茶海，从棋牌室中传出来的麻将声确实影响了这样古韵弥漫的氛围。但是，她就是真真切切的“大唐茶韵”，有着唐代的厚重与精彩，也融合了现代的激情与澎湃。但无论怎样，当香茶沏好，古乐响起，眼力所及之处都是主人精心布置的唐朝的印迹，再浮躁的心都会立刻安静下来。你会感觉，唐朝并不遥远。

“大唐茶韵”这个名字的由来，不仅因为她坐落在唐朝时候最繁华的街道——朱雀大街；也不仅因为她里面的陈设有着“唐六骏”、“长安八景”等唐朝的元素，和以八个唐朝年号命名的包间。而是这个处处体现唐朝元素的茶馆的诞生是为了以展现唐风、唐韵为载体来传播茶文化。这里墙上挂的每幅字和每幅画都有自己的来历，只有静下心来细细观赏才能品出其中的韵味。就像泡上一杯茶，只有当心无杂尘的时候才能闻到茶的香气，品出茶的滋味。

“我做这个茶馆的目的，不是为了赚钱，而是希望通过茶馆这个媒介让更多的人了解茶文化，学会品茶，能在浮躁中有一个安静的去处。同时也以茶会友，结交更多的朋友。”“大唐茶韵”董事长韩涛先生如是说。茶馆从上午十点钟开门，就会有客人提着电脑坐进卡间，一坐就是一天。这里有二十兆的宽带，上网速度很快，很受都市白领的青睐。中岛区也常常坐满了谈生意或者以茶会友的客人。在这样喧嚣的社会中，能有一个这样的所在，听着禅乐，品着香茶，和朋友聊着天，哪怕就是坐在这里看着时间流过也会觉得满足和幸福。

巴山峽川有兩人合抱者伐而掇之
樹如瓜蘆葉如梔子花如白薔薇實
如栟櫚蒂如丁香根如胡桃其字或從
草或從木或草木并其名一曰茶二曰檟
三曰蔎四曰茗五曰荈其地上者生爛
石中者生櫟壤下者生黃土凡藝而

“大唐茶韵”的消费模式别具匠心，来到这里，您可以品尝到五大茶类中的所有茶品，还可以从专业的茶艺师那里了解到有关茶的典故、茶的渊源。如果幸运的话，或许还能遇到“大唐茶韵”的主人韩涛先生。他可能会带你去参观那间以唐朝的年号“天宝”命名的特色包间，在那张用生长近千年的红木做成的茶台上挥毫泼墨；他也可能从一进茶馆门开始，就为你讲解他收藏的每款茶叶的年份与味道，每个茶壶的工艺与历史，甚至他带回来的石头的来历与故事；也或者什么都不说，他就为你安安静静泡上一道茶，此刻的他就坐在你的对面，让你不禁想起了刚进茶馆时看到的那尊弥勒佛，眉眼之间的笑意让你忽然感觉，其实人和人之间就隔着一杯茶的距离。

我终于明白了为什么陕西籍的作家贾平凹会那么热爱长安这座古城，他写道：“没必要夸耀曾经是十三个王朝的历史，也不自得八水环绕的地理风水，承认中国的政治、经济、文化的中心已不在了这里，对于显赫的汉唐，它只能称为‘废都’。但可爱的是，时至今日，气势不倒的，风范犹存的，在全世界的范围内最具古都魅力的，也只有长安城了。”而“大唐茶韵”就坐落在长安这座古城，清清亮亮、自自然然，不娇柔、不媚俗，沐浴着朝阳与晚霞，倾听着晨钟与暮鼓。

“听雁塔晨钟，品大唐茶韵”是韩涛先生给茶人的寄语。他觉得人生就像一杯茶，品茶的境界像极了人生，总会经过青涩、成长、成熟、通透几个阶段。而品茶也会从刚开始的喜欢，到能感受茶的香、醇、韵、滑，再到能从茶汤看见春天，看见人生，进而看见宇宙甚至无极。最终，茶汤还是茶汤，是真水无香，是无味之味。是的，在“大唐茶韵”你会感觉唐朝并不遥远，仿佛盛唐的那段厚重与精彩，在穿越了千年的时空后，洗尽铅华，用另外的一种从容与淡定以茶的方式与你相遇。而你也会感觉，其实，生活很美好，未来并不远。

感德龙馨

感德龙馨茶馆外景

“冰城”品茗正当时

——记哈尔滨感德龙馨

在喧嚣都市中待得久了，人心往往为世事纷繁所累。找一个清净的地方，找一种自我释放的手段，是很多人向往的。在“冰城”哈尔滨，茶城、茶楼越来越多，茶文化日渐兴盛。坐落于哈尔滨市开发区鸿翔路8号的“感德龙馨名茶”，算得上是“冰城”最美的去处。

“感德龙馨名茶”美在环境。它身处在哈尔滨的繁华闹市区，却没有沾染上世俗的烦扰，带着淡淡的茶香，古朴自然的店堂中透出几分典雅，内里头的摆设积聚了历史的尘埃，厚重而悠远。

“感德龙馨名茶” 营业面积700多平方米，是集卖茶与品茶于一体的茶楼。走进茶馆，古朴典雅的装饰映入眼帘，木刻雕饰古色古香，配以错落有致的水墨字画，充满了古朴、典雅的文化气息。大厅内宽敞明亮，阳光暖暖地照进来，泻在了一片绿叶上，绿得发亮。一边是硕大的茶台，墙上挂着“清、静、和、寂”的四个字匾，昭示着茶文化的理念。在古筝的悠扬声中，让人顿感置身于茶香氤氲，平添几分莫名的冲动。楼上有十余个茶室各具特色，就连名字都很雅致：大包厢有泰然居、茗书院、试墨轩、古韵轩；中包厢叫余香亭、茗馨阁、清友居；小包厢称道和轩、竹雨台等；每一个名字都透露出浓浓的茶香和文化气息。从大厅到包厢都悬挂许多名家书画，细细欣赏，无不赏心悦目，茶客们可以在这里品茗、赏书、听乐，领略那浓郁典雅的艺术气息，很多人都喜欢来这里商洽、会友。

“感德龙馨名茶”美在茶艺表演。茶艺表演是“感德龙馨名茶”的一大特色。来到大厅或者进入茶室，只要茶客乐意，点茶落座，茶艺师即款款而来，分茶托、封壶、洗茶……一招一式，一笑一颦，如行云流水，如凤蝶翩飞。

鲁迅先生说过：“有好茶喝，会喝好茶，是一种清福。”在清静的环境中，手捧精致的茶杯，一边看着在茶艺师的手下，茶叶或在水中上下沉浮，犹如旗枪林立，蔚成趣观；或似在水中如鱼戏水，几番上下飞舞之后才如雪花坠地般徐徐下沉。在茶叶的浮动中，但见茶汤由浅入深，芽尖水色浑然一体，堆绿叠翠。一边慢慢啜饮，一边细细品味，可以忘却一切的尘世繁杂。

“感德龙馨名茶”美在服务。茶馆老板把自己对茶的喜爱推而广之，不仅为顾客营造了一片清幽淡雅的休闲环境，还始终把握茶馆经营的高品位，奉行“品质第一、优质服务”的经营理念，真实、轻松、愉快和尊贵的品茗感觉是“感德龙馨名茶”所追求的。注重服务人员的培训是茶楼的一个特色，茶楼老板专门从福建请来了专业培训师，对新上岗的员工进行至少一个月的培训，通过考核之后，才被正式录用。员工以真诚和专业的服务感动客人，让客人感受到如家的温暖。

“感德龙馨名茶”美在精品。茶如其名，每一种茶都是精品。刚开始茶馆主打是铁观音，现在根据市场的需求和东北人对茶的需求，增加了普洱、红茶和绿茶，名茶荟萃，适合不同人群的需求。这里的四大名茶系列在哈尔滨是小有名气的，普洱茶、铁观音、绿茶和红茶，样样齐全。“赏心悦目诗书画，煮茶品茗色香味。”紧邻一楼大厅是茶品展室，里面茶品琳琅满目，在开放的空间里，客人可以根据自己的喜好，随意选购；也可以坐下来泡壶好茶，与同好共享茗茶的艺术和生活的乐趣。老板特别推荐了云南普洱茶：云南普洱茶属黑茶系，分生茶和熟茶。熟茶适合冰城的春季和秋季饮用，茶汤红酒色，生茶黄金色，更适合冰城夏季饮用。

北方的茶馆，少有像“感德龙馨名茶”茶馆这样注重茶艺茶趣的地方，不同的茶叶选不同的茶具，乌龙配紫砂，绿茶配玻璃杯，一点都不马虎。即使是沏茶的工序，比之其他茶馆，还多了一道“讲”的程序：美丽的茶艺师一边娴熟地摆弄茶具汤水，一边为旁观的客人讲解茶叶的成分和功效，让人在品茶的同时了解茶的相关知识，进而爱上茶。这也算是对茶文化的一种传播吧。

“感德龙馨名茶”美在文化。茶楼老板非常喜欢书画，所以这里最受欢迎的就是艺术家，文学家、书法家、画家都是“感德龙馨名茶”的贵宾。店堂里悬挂的名人字画，透露出浓浓的中国传统文化的气息；最让文人墨客欣喜的是，除了四壁的名人字画和旧家具上的各式名壶，这

里特备了文房四宝及书画长桌，尽可趁兴泼墨。虽然茶馆这几年并没有给他带来很大利润，但“感德龙馨名茶”引领着哈尔滨茶文化的方向。用他自己的话说：“经营茶馆就像泡茶，越泡越有味。”生活的滋味本来就是靠自己去体验的，就像杯中的清茶，不同的人就会品出不同的滋味。开业一年多，茶馆会员已经接近150人。

“感德龙馨名茶”还有一个得意之处就是它的紫砂壶展区，茶楼是紫玉金砂黑龙江省总代理。可以说，茶因壶而香，壶因茶而响。自从茶与紫砂壶相交融，加上文人的参与，便到了至臻至美的境界。

老板介绍说，紫砂壶的神奇之处在于，用高倍放大镜放大，壶壁里有双重气孔，吸水率高，具有透气性，“通气而不渗水”难道不神秘吗？用紫砂壶泡茶可以吸收茶叶的香气，改善茶质，所以“壶痴”们都知道，一个紫砂茶壶只能泡一种茶叶。经过一段时间水的滋养，紫砂壶能表现出“外类紫玉，内如碧云”的状态。

紫砂壶是有“气节”的，古朴纯厚，不媚不俗，这与文人的气质十分相近。因此，玩壶一度被视为“雅趣”。文人们这样评价紫砂壶：“温润如君子，豪迈如丈夫，风流如词客，丽娴如佳人，葆光如隐士，潇洒如少年，短小如侏儒，朴讷如仁人，飘逸如仙子……”紫砂收藏自古有之，早在明清两代就广受文人士大夫喜爱，有的甚至直

接参与到紫砂壶的设计制作中来，赋予了紫砂壶深厚的文化底蕴。

紫砂壶既是注重功能性的实用品，又是可以把玩、欣赏的艺术品。如果来到“感德龙馨名茶”，到紫茶壶展厅看看，也许会有意想不到的收获。

“春有百花秋有月，夏有凉风冬有雪，若无闲事挂心头，便是人间好时节。”在纷繁中找一份安宁，在浮躁的现实中找到属于自己的宁静，这是多少人所追求的。那么，保持一颗平常心，就让茶来滤去身心的浮躁和烦闷，维系心境的平和与淡然，拥有心中的一份怡然。在这里，听不见汽车轰鸣，没有熙攘的人潮，一场龙门阵、一桩烦心曲、一则天下事、一段笑话柄，全都在这圆圆的杯中，融着、泡着、腾着。